U0176191

数据论

王益民　等著

THE
THEORY
of
DATA

中共中央党校出版社

图书在版编目（CIP）数据

数据论/王益民等著.-- 北京：中共中央党校出版社，2021.11

ISBN 978-7-5035-7221-0

Ⅰ.①数… Ⅱ.①王… Ⅲ.①数据处理－研究 Ⅳ.①TP274

中国版本图书馆CIP数据核字（2021）第234246号

数据论

责任编辑 王玉兰
责任印制 陈梦楠
责任校对 马　晶
出版发行 中共中央党校出版社
地　　址 北京市海淀区长春桥路6号
电　　话 （010）68922815（总编室）（010）68922233（发行部）
传　　真 （010）68922814
经　　销 全国新华书店
印　　刷 北京盛通印刷股份有限公司
开　　本 710毫米×1000毫米 1/32
字　　数 165千字
印　　张 8.125
版　　次 2021年11月第1版　2021年11月第1次印刷
定　　价 76.00元

微 信 ID：中共中央党校出版社

自序

PREFACE

数据作为新型生产要素，正在以前所未有的深度和广度真实而有力地改造和重塑着世界，开启了时代的一次重大转型，预示着数据时代已经到来。讨论数据经济价值的内容较丰富，然而却鲜有探究其理论价值、社会价值、战略价值、科学价值和制度价值的，相应的数据权力、数据垄断、数据生产力、数据伦理、数据确权、数据分配、数据交易以及数据本身的发展规律性等方面的研究愈发迫切与重要，数据的社会科学亟须进入大众特别是决策者和研究者的视野中。希冀本书提出的一些浅见能起抛砖引玉之效，意在引起各界同仁的关注与共鸣，对围绕数据的社会科学问题群策群力，共同促进数据在经济社会高质量发展中的作用有效、有序、有力发挥。

回望过去，数据缔造了人类文明。数据记载和传承了人类文明史上一个又一个璀璨的瞬间：两河流域的苏美尔人在泥板上记录着谷物的收成、做生意的账目等；中国历史上商朝的甲骨文里就有了代表一至十的数字……数据成为人类认识世界、改造世界的基础，是人类感知万物的基本单元，也是人类认识活动的核心。物质及其运动产生数据，成为人类了解客观事物的主要途径。没有数据，就无法有效建构知识体系，对世界的深刻认识与探索也就无从说起。随着科学水平的提高，人们对世界、宇宙的认识方法、思维方式都产生了变革，得出了崭新的认识结论，这一切都依赖于人类所获得的数据。

审视现在，数据影响着社会生产生活。人类的发展离不开数据，经济、社会、科技及文化的发展与数据相辅相成、共同促进。数据经历了从模拟态到数字态再到数据态的形态演化，从知识金字塔的思维提炼到数智三元体的数据智能范式的转变。在这个过程中，数据由边缘角色向中心角色演化，以数据为中心的观念正逐步得到人们的广泛认同。人们开始从不同的维度探索数据价值度量和实现路径，构建数据要素市场，破除数据要素市场发展的阻碍，充分释放数据经济价值与社会价值。数据生产力成为社会发展的新动能，推动数据时代生产关系的重构，人们之间的深度协作全面化、普遍化，促进了新社会组织的出现、社会职业结构与就业方式的转变，带来了社会生产方式和生活方式的变革。不可否认，数据带来无限机遇的同时也带来新的挑战，如安全威胁、个人隐私侵犯、新的伦理问题的产生、算法歧视等隐忧，以及数据垄断和数据恐怖等。

畅想未来，数据将开启人类发展新纪元。数据时代是一个以数据建构人类社会新形态的时代，社会关系得以重塑，人类文明不断创新，世界万物以数据形态得以表达，人类向数字文明迈进。人类将会继续创造一个辉煌灿烂的新时空，物理空间和数字空间交织融合，日益成为人类的生存新形态，最终实现人的自由全面发展。

本书的形成是集体创作的成果，我的同事丁艺、刘密霞、陶勇、魏华、刘彬芳、梅澎、张腾、王平、隋心、王琦等参与了本书的写作过程，在此，对他们的参与表示感谢。同时，感谢中共中央党校出版社的鼎力支持，他们专业与细致的工作使得本书得以顺利出版。最后，科技发展日新月异，本书的不足与疏漏在所难免，欢迎业界同仁批评指正。

2021 年 10 月于北京

目录

CONTENTS

第1章　数据时代已经到来 …… 01

1.1　数据改变世界 …… 02

1.1.1　数据作用于个人：知化思维程式 …… 05

1.1.2　数据作用于经济：变革生产方式 …… 06

1.1.3　数据作用于社会：创新治理模式 …… 07

1.1.4　数据作用于技术：重塑科技范式 …… 08

1.2　数据缔造文明 …… 10

1.2.1　原始文明：符号即数据 …… 12

1.2.2　农业文明：文字即数据 …… 14

1.2.3　工业文明：科技即数据 …… 16

1.2.4　信息文明：万物即数据 …… 18

1.3　数据时代的大千世界 …… 21

1.3.1　数据表达世间万物 …… 22

1.3.2　数据促生新的文明 …… 23

第2章　认识数据 …… 27

2.1　数据的进化 …… 28

2.1.1 数据表达的进化：从符号到比特……28
2.1.2 数据形态的进化：从模拟态到数据态……30
2.1.3 数据范式的进化：从知识金字塔到数智三元体……32
2.2 数据的内涵……40
2.2.1 数据的概念……41
2.2.2 数据的特征……43
2.2.3 数据的分类……45
2.3 数据的两次作用……47
2.3.1 数据的第一次作用：认识世界……48
2.3.2 数据的第二次作用：改造世界……50

第3章 发现数据价值……53
3.1 数据价值……54
3.1.1 数据价值因素……54
3.1.2 数据价值特征……56
3.1.3 数据价值构成……57
3.2 数据价值度量……60
3.2.1 数据固有属性指数……60
3.2.2 数据本质价值的度量……62
3.2.3 数据效用价值的度量……63
3.2.4 数据交换价值的度量……64
3.3 数据价值实现路径……65
3.3.1 数据结构化……67

3.3.2　数据资源化……70
3.3.3　数据要素化……73
3.4　数据价值活动过程……77
3.4.1　数据原始态积累……78
3.4.2　数据价值链化过程……78
3.4.3　数据价值链上的价值体现……79

第4章　数据要素市场构建……81
4.1　数据交易……82
4.1.1　数据交易制度……83
4.1.2　数据交易中介……88
4.1.3　数据交易面临的挑战……93
4.2　数据确权……96
4.2.1　数据确权需求……96
4.2.2　数据确权实践……100
4.2.3　数据确权困境……103
4.3　数据共有制设想……106
4.3.1　数据所有制与数据产权……107
4.3.2　数据共有制的必要性……109
4.3.3　数据共有制的实现路径……110
4.3.4　数据共有制的核心内容……112
4.3.5　数据共有制如何发挥作用……113

第5章 数据推动社会演进 …… 115
5.1 数据生产力形成 …… 116
5.1.1 社会发展新动能 …… 116
5.1.2 生产关系重构 …… 118
5.1.3 社会意识影响 …… 120
5.2 新社会组织出现 …… 122
5.2.1 新组织的形态与特征 …… 123
5.2.2 自由数字连接体 …… 125
5.3 就业结构变化 …… 126
5.3.1 数据规模提升与人工智能蓬勃发展 …… 127
5.3.2 数字经济繁荣与自由职业者涌现 …… 129
5.3.3 技术进步与就业结构影响 …… 133
5.4 社会生活变迁 …… 136
5.4.1 数据改变社会生活观念 …… 136
5.4.2 数据丰富社会生活载体 …… 142
5.4.3 数据变革社会生活形式 …… 144

第6章 数据引发时代冲击 …… 149
6.1 安全风险 …… 150
6.1.1 网络安全危及国家安全 …… 150
6.1.2 网络安全防护风险 …… 151
6.1.3 网络内容安全风险 …… 154
6.1.4 网络空间攻防 …… 155

6.2 隐私与个人信息泄露……158
6.2.1 个人隐私与数字人格……159
6.2.2 个人信息过度采集引担忧……161
6.2.3 无隐私社会的到来……164
6.3 数据伦理……167
6.3.1 为恶不知为恶不罚……167
6.3.2 主体角色认知错乱……169
6.3.3 社会共识缺失……170
6.3.4 生命伦理困境……172
6.4 算法隐忧……174
6.4.1 算法歧视……175
6.4.2 算法禁锢……177
6.4.3 数据杀熟……180
6.4.4 算法依赖……181
6.5 数据霸权……182
6.5.1 数据垄断……182
6.5.2 数据剥削……186
6.5.3 数据恐怖……190
6.5.4 数据侵略……193

第7章 数据开启人类发展新纪元……197
7.1 拓展人类生存新空间……198
7.1.1 共融共通：现实与虚拟间的自由穿梭……198

7.1.2 数字绿洲：创造人类活动新方式 …………………… 206
7.1.3 数字空间：重塑人生 ………………………………… 208
7.2 孕育人类发展新形态 ………………………………… 210
7.2.1 人的全面数据化 ………………………………………… 211
7.2.2 人的数字化生存 ………………………………………… 214
7.2.3 人机融合的未来 ………………………………………… 217
7.2.4 人类会永生吗 ……………………………………………… 221
7.3 开创人类文明新时空 ………………………………… 226
7.3.1 形成文明演进新方式 ………………………………… 226
7.3.2 谱写人类文明新篇章 ………………………………… 231

参考文献 ………………………………………………………… 234

CHAPTER 1

第1章
数据时代已经到来

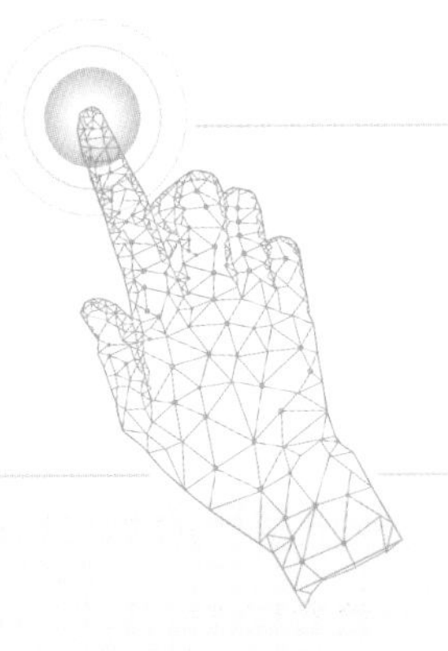

本章核心观点

- 数据成为人类发展重要组成部分，成为人类发展核心驱动力，将建构人类社会新形态。
- 数据作为信息的具体表现形式，成为人类认识世界、改造世界的基础。
- 数据从万物中来，又反作用于世间万物，在表达万物的同时，推动人类文明的发展。
- 世界的万千变化都可以用数据来表达，亦可以说“万物皆数据”。

纵观人类文明的发展史，“数据”从无到有，成为历史发展的见证者和观察员，在推动人类文明发展的同时，记载和传承着人类文明史上一个又一个璀璨的瞬间。数据就像时空中的精灵，看似虚幻空灵，但又触手可及；数据就像人类生存必需的空气，看似无影无形，但又随处可见。自21世纪以来，数据迎来了“大爆炸”时期。这次“大爆炸”带来了人类社会各元素的重组，数据正在以前所未有的深度和广度真实而有力地改造和重塑着我们的世界、我们的思维方式、我们的行为方式，数据开启了时代的一次重大转型，预示着数据时代已经到来。数据时代是一个数据成为人类发展重要组成部分的时代，人类的发展离不开数据，经济、社会、科技及文化的发展与数据相辅相成、共同促进。数据时代是一个数据成为人类发展核心驱动力的时代，人类社会因数据推动而进入高速发展的新纪元，人类借此享受数据带来的价值红利。数据时代是一个数据建构人类社会新形态的时代，人类社会关系得以重塑，人类文明不断创新，世界万物得以以数据形态表达。数据将为我们呈现一个多姿多彩的大千世界。

1.1 数据改变世界

数据是反映客观事物属性的记录，是信息的具体表现形式。相较于我们熟知的物质和能量，信息并不是新的产物。信息早就存在于客观世界，只是人们先认识了物质，然后认识了能量，最后才认识了信息。我们的现实世界是由物质、能量与信息三大要素共同构成的，这就是著名的资源三角形理论。美国科学家诺伯特·维纳在《控制论》一书中提到："以信息获取为前提，并使用信息'改善'事物的功能和发展"，阐明了信息与事物之间的交换关系及对事物的作用。只要事物之间发生相互联系、相互作用，信息便会产生。信息的传播则依赖于能量具有的扩散趋势，即世界向熵增方向发展。但信息就是信息，不是物质也不是能量。信息作为相对独立于物质和能量的形态，三者缺一不可：没有物质，什么也不存在；没有能量，什么也不会发生；没有信息，任何事物都没有意义。信息既来自于物质与能量，与之密不可分，又可以脱离于物质与能量而独立地存在、发挥作用。一方面，信息具有对物质与能量的依赖性，如果没有物质与能量，就不存在事物及其运动，也

现实世界三大要素：物质、能量、信息

美国哈佛大学的研究小组提出了著名的资源三角形理论，物质、能量和信息共同构成现实世界的三大基本要素。控制论的创始人——美国科学家诺伯特·维纳（Norbert Wiener）也详细阐述了信息与物质、能量的关系，指出物质、能量、信息是人类社会赖以生存、发展的三大基础，世界由物质组成，能量是一切物质运动的动力，信息是人类了解自然及人类社会的凭据。

就不会产生有关事物及其运动的信息。另一方面，信息也具有相对独立性，正如诺伯特·维纳指出的，信息并不是物质或能量所生产的延伸物，而是作为自身形式而存在、可以自由进行流通。由此可见，信息一旦产生，则成为了独立于物质与能量的存在。物质、能量和信息在我们生存的空间中相互依存、互为作用，而信息以更自由的形态存在。

信息一般来说可以分为客观信息和主观信息。客观信息体现了信息的客观性，即信息的真实性，是对已经发生的事实存在的客观性表达，是现实生活的需要与人类基本价值的追求。主观信息体现了信息的主观性，是以人的思维为出发点、脱离客观存在、需要切身体会的信息，只能通过心灵的感悟来把握。客观信息和主观信息存在着一定的联系。客观信息一定程度上能够决定主观信息，主观信息是对客观信息的反映，信息在客观事物和主观思维间流动，并得到人们的充分利用。因此，信息具有更强的表征性、流通性以及可利用性，是构成人类现实世界的基本要素。

今天我们谈到数据时已然发现，作为信息的表达形式，数据无处不在，充斥着我们的生活空间，大部分的社会行为都有数据的“痕迹”，数据已和人类如影随形，影响着人类的思想行为。尤其伴随互联网、移动终端、虚拟现实等一系列技术的突破，数据越来越多，也越来越全面。数据不仅体量增加，而且呈现出多样性。当数据量冲过一定临界时，我们实现对现实社会的“复制”，通过数据分析，了解真实生活的社会，观察社会现象，从而进一步反作用于人类的经济发展和技术创新等。

1.1.1　数据作用于个人：知化思维程式

数据无时无刻不对我们的生活产生影响。如同“幽灵”一样，数据通常没有固定的形态，一般用肉眼是看不见的，需要依托一定的媒介或算法才能呈现。因此，对于普通人而言，大多数人在生活中感受不到数据，但我们无时无刻不在享受着数据带来的红利，数据也无时无刻不在被利用着。当我们乘坐火车去往另一个城市时，当我们使用手机支付时，当我们不小心点击浏览了某条新闻时，其实我们的数据已经与这个世界相连了。在技术人员手中，这些数据一方面产生着更多的便利，另一方面也成为了用以实现目的的资源。所有人都在用数据说话，没有人能够置身事外。我们与外界沟通连接的，不仅仅是我们的身体，也不仅仅是我们的意识，除了由我们的意识显化于外在的语言外，还包括由我们的身体表现于外在相关联的信号——大眼睛、黄皮肤、黑头发，以及那一长串身份证号码。

随着现代信息技术的发展和互联网的革命，人类对社会的认知逐步数字化，人类之间的交流借助数据标准化实现了传输和视频化，人类进行决策也多基于数据定量分析而非经验和直觉，数据为我们看待世界提供了一种全新的方法，决策也日益基于数据分析，而不像过去一样更多地是凭借经验和直觉。数据在日渐影响和支配着我们的认知活动和行为活动。数据时代意味着人类对社会的认知、交流和决策的革新，将影响公众、企业和政府的行为习惯和市场规则。

数据时代人类的行为范式发生了改变，人们在享受数据化带来的生活便捷的同时，数据也在一定程度上影响着我们的生活。“造车新势力”的崛起和车联网的广泛应用，使得智能交通逐渐成为现实，自动驾驶正在变成可能；伴随网络的普及和5G的到来，线上医疗日渐兴起，如实现线上购买日常用药、线上挂号和问诊、视频急救和远程诊疗，医学诊疗可以对一个患者的累计历史数据进行分析，并结合基因技术、对特定疾病的易感性和对特殊药物的反应等，实现个性化的医疗；工作和学习摆脱了时间和空间的界限，学校成为网校、办公成为云协作，社会资源的全面整合将工作和学习的效率最大化……同样，网上购物、智能家居等网络化、数字化、智能化技术的发展，都在改变着人类的生活方式和思维方式。

1.1.2 数据作用于经济：变革生产方式

伴随数字技术蓬勃发展，数字革命方兴未艾，数字技术和人类生产生活以前所未有的广度和深度交汇融合，全球数据呈现指数增加、海量集聚的特点。数据的充分挖掘和高效利用，促进了资源配置的优化和使用效率的提高，改变了人们的生产生活和消费方式，提高了全要素生产率，对经济发展产生着越来越重要的作用。

数据作为关键生产要素，助推数字经济蓬勃发展。与传统生产要素不同，数据可以快速批量复制，同时它的使用并不会导致原有数据自身的损失。从土地、到资本、再到数据，人类在生产活动中所依赖的生产要素的捆绑性和排他性越来越弱，相应地，生产要素所带来的规模性和扩张性却越来越强。依托数据这一关键生产要素，经济的生产效率和潜能远高于以往，日益成为社会生产效率提升和经济结构优化的核心推动力。新兴技术与实体经济加速融合，不断产生新的商业模式和经济业态，具有广阔的发展前景。

数据推动着生产方式变革，促进了传统产业数字化转型。在数据时代，数字化基础设施和数字化产业生态所构成的“新基建”将成为社会生产方式变革的重要条件，人工智能、区块链、云计算、5G和大数据等新一代信息技术的快速发展，不仅为基于数据发展的高新技术企业提供重大机遇，同时与传统产业深度融合，推动包括工业、农业、服务业等各个行业、产业开展大规模的数字化变革，逐渐形成以数据支撑和智能服务为中心的新型业务，推动服务化延伸、网络化协同、智能化生产和个性化定制等新变化，传统产业数字化转型持续深化，数据日益成为推动经济高质量发展的新动能。

1.1.3　数据作用于社会：创新治理模式

数据作为社会治理核心要素，赋能社会治理智慧化升级。数据不仅是一种新的生产要素，也是社会治理的核心资源和治理要素。伴随着社会转型升级，社会治理面临环境复杂化、诉求多元化倾向，公众呼唤个性化、精准化的公共服务。社会治理过程中伴随着海量的网络舆情、社交媒体和政务热线等社情民意数据，政府、企业和社会通过多元主体协同，利用庞大的数据支撑，实现智慧化预测和决策，激活数据要素价值，以“数治”激发治理新动能。

数据可以提供有效、全面的信息，促进科学决策。对大数量级的可用数据资源的存储、调用，对数据信息的汇总、分析，能够为公共决策与执行提供数据支撑，使政策预调研从对局部小样本的需求研究，转向覆盖更广泛、涉及更多人的大数据分析，实现公共政策的科学化、高效化，提升社会治理水平。

来自各主体的数据信息一定程度上带来了关于数据治理相关主体的多元化与协同。数据的流通有利于各主体间的互联互通。传统决策依据对社会问题的经验性感知或专家学者的推动，而大数据弥补了决策主体依据自身经验、偏好建构问题的弊端，更能反映社会、民众所关注、偏好的问题，使“以人民为中心”的理念在决策中得到更好的贯彻。同时，在数据时代，政府不再是公共服务供给的一元主体，企业、社会组织与个人得以参与到公共服务之中去。

1.1.4 数据作用于技术：重塑科技范式

在信息技术支撑下，数据的快速流通、交换、再创造加速了人类科技研究的步伐，数据如同科技创新的血液，在业务应用过程中传递着价值，促进了科技创新主体多元、创新周期缩短、创新结果多样。

数据促进创新主体多元。不同于以往的发明创造来源于某个个体，数据时代的创新通常是政府、企业、高校、科研院所等多方利益相关者共同促进的结果，多元主体合作的前提是数据的无障碍交换和信息的便捷化沟通。数据促进创新周期缩短。自2001年2G网络普及以来，短时间内5G便跃上人类舞台，新型事物如泉水般涌出，高科技产品迭代更新的速度让观众眼花缭乱。创新时间缩短的前提是数据生产、传输、存储、分析、利用、可视化过程的畅通无阻，这不仅加速了信息的获取，更加速了人类对知识的吸收转化和再利用、再创造。数据促进创新结果多样。这似乎是一个万物创新的时代，身边随意一件东西都可能是科技创新的产物。在家里，有智能家居解决生活琐事；在工厂里，一站式机器生产线摆脱双手重复劳动；在马路上，随手一挥便能找到适合自己的出行工具，生活中随处可见创新应用。

以数据为核心，以技术为基础，科技创新引领了一次次社会变革。在庞大的科技体系下，创新成果多样化，知识存量海量化已经成为常态，单纯依靠人类的手工操作早已无法推动科技的巨轮。未来的科技创新仍将持续以数据为依托，合作共享、协同创新，加速人们对世界的认识，进而促进社会进步。

1.2 数据缔造文明

审视人类文明的发展脉络，“数据”和“信息”就像历史的见证者，伴随着历史的车轮前行。“快马传信、飞鸽传书、凭君传语”是农业文明时期信息的传递方式；电报电话、广播电视是工业文明时期信息的传递方式。人类经历了上千年的探索和演进，进入信息文明阶段后，人类文明的发展加速。人们借助数据和技术手段，认知世界、感知世界的效率得到极大提高，如图1-1所示。通过数据记录和赋能，人类逐渐具备一定的数据意识、数据头脑和数据技能，“数据”成为人们看得更高、走得更远、想得更深的重要工具。数据时代，信息的产生和连接发生在每一个瞬间。

数据成为人类认识世界、改造世界的基础，是人类感知万物的基本单元，也是人类认识活动的核心。世界中的物质及其运动产生数据，成为人类了解客观事物的主要途径。没有数据，人类就对世界一无所知，也就没有在外部数据基础上建构的知识体系，对世界的认识与探索也就无从说起。同时，数据量的大小、数据内容的不同都会塑造出不同的思维方式、认识方法。在古代，限于科学水平，人们基于有限的数据得出“天圆地方”的判断，形成古代对世界的认识；而随着科学水平的提高，人们对世界、宇宙的认识方法、思维方式都产生了变革，得出了崭新的认识结论，这一切都依托于人类从自然界所获得的数据。

	原始文明	农业文明	工业文明	信息文明
时间脉络	公元前3500年前	公元前3500年—18世纪中期	18世纪中期—20世纪中后期	20世纪中后期—
标志发明	石器、弓箭、火……	青铜器、铁器、陶器、文字、造纸、印刷术……	蒸汽机、内燃机、电机……	计算机、互联网、人工智能……
生产活动特点	直接利用自然物，基本没有生产活动	粗放发展，男耕女织，生产规模小，分工简单	人口密集的城市化和劳动分工的专业化，产业工人产生	信息技术广泛应用，生产活动建立在计算机技术、数字化技术和生物工程技术等先进技术上
代表性数据	结绳记事、肢体语言、甲骨文、楔形文字……	纸张、竹简记录的文字、语言……	电话、电视、电报等传输的电子信号……	计算机、互联网等为载体的比特数据……
生产力特点	自然化 社会化	聚落化 工具化	机械化 电气化 自动化	电子化 网络化 数据化

图1-1 人类文明发展脉络和数据表征

数据在人类的实践活动中至关重要。实践活动从人的主观目的性出发，根据积累的认知数据制定计划，而后指导实践活动，在实践过程中产生新的数据，这些数据融合流动到现有认知数据体系中，使实践范围得以扩大和完善。数据形成了从认知到实践再到认知的数据环路，因此实践不仅仅是与物质、能量相关的活动，同时也是基于信息的活动。可以说，数据贯穿于人类的一切实践活动之中，既存在于日常的一言一行，也存在于生产活动、社会发展中。人类文明在该过程中产生，数据在时间的长河中对人类文明起着关键的缔造作用。

1.2.1 原始文明：符号即数据

原始文明是完全接受自然控制的发展系统。在原始社会中，人类基本上没有生产，只有生活，人类生活完全依靠大自

原始文明

原始文明以自然资源的直接获取为主要生存方式，人们必须依赖集体的力量才能生存，物质生产活动主要靠简单的采集、狩猎和捕捞等生产方式维持族群的生活，原始力量占决定地位，组织人员少，组织力松散，道德观念以共同分享为核心，即时满足远超延迟满足。

然赐予。狩猎采集是发展系统的主要活动，也是最重要的生产劳动。吃食以生食为主，通过采集狩猎获取，衣着材料也是简单的树叶、兽皮，过着“叶皮为衣、岩洞而居”的流动式生活，没有固定的居所。石器、弓箭、火是原始文明的重要发明发现，原始社会的物质生产活动是直接利用自然物作为人的生活资料，对自然的开发和支配能力极其有限，自然支配和控制着人类的一切活动。

在茹毛饮血、刀耕火种的原始社会，文字还没有出现，信息大多通过口语传递。人类的先祖们通过叫喊或是肢体语言，表达哪里有食物、警告同伴掠食者的逼近等。语言是最直观的一种传递方式，但是传播效率不高，而且也无法完成跨越时空的交流，所有的沟通都是当下的，表达的结束也就是遗忘的开始。

在语言出现之后、文字出现之前，出现了结绳记事和契刻记事的方法，这也是最早出现的图形符号，是数据得以摆脱时空限制记录事实、进行传播的重要一步。随后，文字的出现标志着从此以后思想有了载体，得以在岁月中沉淀下来，后人通过文字打破时空的桎梏与前人对话。文字的意义不仅在于延长了信息保存的期限，同时还提高了人类处理信息的效率，更重要的是，文字为抽象的、逻辑的思考提供了土壤。文字在真实世界与思想之间建立了映射关系，人们使用文字来描述世界，通过文字来认识世界。要表达“树”不再需要真的画出一棵树，通过约定俗成的文字，就可以与读者建立共识，传递出树的数据信息。

总之，在这一文明发展阶段，数据出现了关键的符号载体，为人类文明发展提供了重要基础。从数据的传播过程看，由以声音、肢体等为数据的传播载体发展到以符号为数据的传播载体，这使数据的传播范围得以扩展，传承属性得以提升。印刻在石头上的信息能够得以被更多人看到，同时也能增强人类对于其所传达信息的记忆，为语言体系的形成奠定基础。但与此同时，由于记录信息的材料匮乏，且易被磨损，人类并不能产生大量的数据积累，因此也没有产生过多的数据传播活动，总体是一个数据匮乏、交流闭塞的时代。

1.2.2 农业文明：文字即数据

农业文明是人类对自然进行探索的发展系统。农业产业

农业文明

农业文明是指由人们在长期农业生产中形成的一种适应农业生产、生活需要的国家制度、礼俗制度、文化教育等的文化集合。根据生产力的性质和状况，世界范围内的农业文明史可以归结为三个发展时期，分别为“原始农业”“传统农业”以及“现代农业”。我国传统农业经历了很长的时间，其发展程度世界领先，精耕细作、自给自足是我国传统农业文明时期的典型特征。

的产生可以被称为文明起源的真正内生标志，其生产生活与原始文明社会有着非常大的差异，人类社会从农业文明社会开始，才真正算作进入了“家有定居、居有定所、衣有所式、食有所料、行有所载”的文明化状态。在农业文明时期，社会的发展相对闭塞，以手工编纂书目的信息组织形式为主流。信息组织的主要对象是书籍和文献，信息组织活动以个人或统治集团的个体劳动为主。

由原始文明进入到农业文明，人对自然进行初步开发，不断出现新科技成果：青铜器、铁器、陶器、文字、造纸、印刷术等。这个时期，人类主要的生产活动是农耕和畜牧。人类通过创造适当的条件，使自己所需要的物种得到生长和繁衍，不再依赖自然界提供的现成食物。在“衣”上，纺织技术逐渐成熟，衣着样式逐渐丰富多样；在“食”上，以熟食为主，煎、炸、蒸、煮，食材处理方式越来越多；在“住”上，“家”的轮廓和观念日益深化，修房盖屋的技术不断提高，有了房屋以后，人类开始建立固定的村庄与集市，后又建立了城市；在“行”上，车、船是主要的出行和运输工具，而牲畜如马、驴、牛等则是主要的动力来源。对自然力的利用已经扩大到若干可再生能源（风力、水力等），铁器农具使人类劳动产品由“赐予接受”变成“主动创造”，经济活动开始主动转向生产力发展的领域，开始探索获取最大劳动成果的途径和方法。在农业生产的基础上，人们开始对日月星辰的活动、对水土的特点、气候现象进行观察，积累经验，从而产生初步的天文地理和数学知识，把人类对客观世界的认识推到一个新的高度。

可见，在这一文明阶段，数据的承载物出现了革新，为扩大数据积累及流通量提供了动力，这是人类文明发展的重要前提。在农业文明伊始，随着语言的发展，文字体系逐渐形成并稳定。从以青铜器、铁器等为信息承载物，到以竹简、纸张等为常用的数据承载体，数据承载物的更新使人类得以记录的信息量获得了巨大的提升，人类的知识获得了空前的积累，信息交流出现了新面貌。但是由于交通基础设施的落后，纸质信息跨地域的传递往往耗费大量时间，使得远距离的信息传递效率较低，数据规模制约了知识的形成与传播。

1.2.3 工业文明：科技即数据

在工业文明阶段，人类对资源的利用能力大大提升，机

工业文明

工业文明是指以工业化为重要标志、机械化大生产占主导地位的一种社会文明状态。其主要特点大致表现为工业化、城市化、法制化与民主化、社会阶层流动性增强、教育普及、消息传递加速、非农业人口比例大幅度增长、经济持续增长等。

械开始协助人类，极大促进了生产和经济发展，社会发展的脚步也在加快，人们获取信息和认知世界的工具也发生了迭代，数据量有很大程度的增加，关于数据的科学真正得以发展壮大。随着数学的发展，人类企图用更为抽象简洁的形式来记录传递信息。巴贝奇的差分机便是一种尝试，他试图用机械来模拟人脑计算，而和他一起共事的拜伦之女爱达则被誉为第一个程序员，那还是19世纪，爱达的脑海中已经有了算法的雏形。摩斯电码也是这一时期的里程碑，借助电的力量，人类第一次即时收到了来自大洋彼岸的消息。同时，进入工业文明阶段，人类社会在“衣”上，实现了批量化生产；在“食”上，食物加工水平进一步提高，饮食上不再受四季季节更替的限制；在“住”上，城市高楼拔地而起，城市化建设进一步发展；在“行”上，由于使用了以消耗化石能源为主的发动机，交通运输工具效率更高、速度更快。人们也开始通过借助电报等信息技术手段进行信息交流，产生了一定量的数据。

在工业文明初期的蒸汽时代，蒸汽机、内燃机的发明解决了人类大规模制造和利用动力的问题，提高了生产效率，使信息载体以及传播信息的工具的生产得到推进。电磁感应定律的科学革命带来了电力的广泛应用，人类进入电气时代。发电机、电动机、远距离输电技术的发明，为大工业的发展提供了新的动力基础。而随着电力的广泛应用和远距离输送的成功，有线电报、电话、无线电通讯、电视等相继发展了起来，革新了信息传播工具。再后来，自动化时代拉开序幕。自动化生产线诞生，对加速社会生产力发展、改进企业生产技术、减轻工人体力劳动具有重大意义。最早出现的自动线是组合机床自动线，第二次世界大战后，自动线迅猛发展。随着计算机应用到公司业务当中，由数据驱动的业务运营模式开始兴起，并且诞生了业务自动化解决方案，人类由此真正进入信息技术可以连通一切的时代。

在这一时代，数据承载体出现了进一步革新性的变化，使数据记录与传播开启了新时代，为文明中的知识进步、科技发展提供了极大动力。一方面，计算机的发明使数据承载体迈出了纸质时代，走进了无磨损、易储存、大体量的新阶段。计算机之间的信息传播相较于传统方式，速度有了本质上的变化与提升。另一方面，生产效率的大幅提高促使数据承载物以及传播途径的质量与数量也随之提升，同时解放了大量的劳动者，使其在新的空闲时间中成为数据享用者、传播者，扩大了数据流通的渗透深度。

1.2.4 信息文明：万物即数据

从文明之初的“结绳记事”，到文字发明后的“文以载道”，再到近现代科学的“数据建模”，数据一直伴随着人类社会的发展变迁，承载了人类为认识世界付出的努力和取得的成果。然而，直到以电子计算机和互联网为代表的现代信息技术出现后，数据处理和传播才有了自动的方法和手段，人类掌握数据、处理数据的能力才实现了质的跃升。人们利用数据推动

信息文明

信息文明以现代信息技术和信息经济为基础，对信息资源有效开发，对物质资源充分利用，实现人类各领域、各方面协调发展和整体进步。其主要特点是信息和知识成为社会进步的主导力量，海量信息和数据的处理、检索和存储成为常态，人们的生产、生活和决策方式因信息而改变。

社会的进步与发展，数据对人类社会文明的作用更加突出。信息文明是一个哲学、科学、社会、经济、文化和生活一体化发展的阶段，是继农业文明、工业文明之后的文明形态，不同于传统文明主要是基于对物质和能量的开发和使用的文明，信息文明是主要基于数据的文明。信息文明推动的不是简单意义上的信息化应用，也不是对物质和能量简单的信息化描述，而是主要以数据为基础的信息与物质、能量交互所构成的循环。该循环是一个反复迭代的过程，物质、能量变化不断产生新的信息，信息也不断反作用于物质和能量，从而形成人类生存的信息化环境。信息文明具有农业文明、工业文明所不具备的数据特征，是人类文明发展的新阶段。信息文明阶段，以互联网为代表的新一代信息技术所带来的这场社会经济“革命”，在广度、深度和速度上都将是空前的，也将远远超出人类从工业社会获得的知识和认知。

计算机的发明改变世界

现代计算机之父——约翰·冯·诺依曼（John von Neumann），提出计算机体系架构，指出计算机基本工作原理是存储程序和程序控制，对后来计算机的设计起到决定性的影响，至今仍为电子计算机设计者所遵循。根据这一原理制造的计算机被称为冯·诺依曼结构计算机。

计算机科学之父——艾伦·麦席森·图灵（Alan Mathison Turing），在科学、特别是在数理逻辑和计算机科学方面的科学成果，构成了现代计算机技术的基础。他提出“可计算理论”，通过建立计算的数学模型，精确区分哪些是可计算的，哪些是不可计算的，将算法这一直观概念精确化。图灵对于人工智能的发展也有诸多贡献，提出了一种用于判定机器是否具有智能的试验方法，即图灵试验。

信息文明发展经历了几个比较重要的阶段。以计算机为核心的技术创新和发展，使人们能够基于计算机数值计算和逻辑计算的基本功能，凭借计算机在存储记忆方面的优势，使其按照人们编写的程序执行，达到自动、高效处理海量数据的目的，标志着人类进入了电子化时代；人们以相互交流数据资源为目的，基于一些共同的协议，构建了计算机网络，带来了空前的数据与资源共享，标志着人类迈入了网络化时代；随着科技发展，数据逐渐将所有事物连接成整体，手机、社交媒体、智能家居、可穿戴设备源源不断地产生和共享着海量数据，人类进入万物互联时代。

当前，进入数据时代，科技发展使数据产生了新的自我增殖能力，数据向社会性、广泛性、公开性、动态性转变，促使经济社会发展在质量效益、公共服务、资源利用等方面的转型。数据分析技术对所汇总的大量数据进行二次加工，产生新的数据，由此改变了传统数据的积累方式。在这一阶段，数据正在以前所未有的深度和广度真实而有力地改造和重塑着我们的世界，深刻影响了人类的生产生活方式、思维方式、实践方式甚至生存方式。数据从万物中来，又反作用于世间万物，在表达万物的同时，推进着人类文明的发展。

1.3　数据时代的大千世界

时空交错，将空间维度和时间维度重合，数据正包罗万象地充盈着我们的世界。细观数据时代，它从网络时代的尾声萌芽，以计算机和互联网为依托，将世间万物数字化表达。数据虽然并非实体，不能肉眼可见，但人类凭借它了解世界，探索物质，开发能源，传递信息。在数据时代，数据表达世间万物，加速文明演进，真正意义上为人类描绘了一幅绚烂多彩的大千世界。

1.3.1 数据表达世间万物

进入数据时代，人们更清楚地认识到数据的作用和价值，也更想要从根本上解读世界的构成和表达机制。人们通过不懈的研究发现，世间万物林林总总，无论是生物还是非生物，无论是有机物还是无机物，将它们拆分到不能再拆分时就会发现，构成它们最基本的单元都是夸克和电子。整个世界就像是乐高玩具一样，是由一块块完全相同的乐高积木堆积而成。在人类目前科学认知下，这里的乐高积木有两种，就是夸克和电子。物质可以被拆分为夸克和电子我们较易于理解，但是像动物和人为什么会通过夸克和电子产生生命特征呢，这就是大自然神奇的地方。形成不同的物质和生物实际上是不同数量的夸克和电子的排列组合。对于具有同样数量的夸克和电子来说，石墨和金刚石都是碳的基本表现形式，一个很软做成了铅笔，一个很硬做成了钻石。铅笔成为了日常用品，而钻石却价值连城，从中我们可以体会到数据的细微差异所带来的价值的不同。对于不同数量的夸克和电子来说，老鼠和人的基因相似度高达90%，但一个小巧羸弱，另一个却高大智慧。之所以会出现生物和微生物，最根本上的区别也是夸克和电子数量和排列组合带来的数据差异。

从某种意义上来说，数据超脱传统意义上对事物的简单描述，数据丰富了世界的表达形式，使人们认知的世界像

“万花筒”一样丰富多彩、变化万千。2500年前，古希腊哲学家毕达哥拉斯就曾提出过“数即万物”的哲学观，认为数字是世界的本质，并支配着人类社会乃至整个自然界。而数据时代，“万物皆数据”，人类能够接触的一切事物都可以以数字化的形式表达和呈现出来。因此，人类也逐渐达成了社会共识，认识到数据的重要性，并以数据为载体，通过数字化的形式续写人类文明。

毕达哥拉斯：万物皆数

毕达哥拉斯（Pythagoras），古希腊数学家、哲学家。毕达哥拉斯把非物质的、抽象的数看作宇宙的本原，认为“万物皆数”，“数是万物的本质”，是“存在由之构成的原则”，而整个宇宙是数及其关系的和谐的体系。毕达哥拉斯宣称数是众神之母，是普遍的始原。

1.3.2 数据促生新的文明

从数据记录和交流的角度来看，人类社会自始至终都存在着数据记录，从原始文明的结绳记事、象形文字、语言声音等，到农业文明的印刷术、造纸术，工业文明的通信、电报，再到现在信息文明的智能手机、计算机等，数据记录无处不在，方式各异。但由于历史原因，太古老的历史记录早已随着时代湮没，但其确实曾真实存在过，否则人类的文明无法传承。一直以来，数据交流都存在于人与自然的交流和人与人的交流中。人与自然的数据交流是一种半自然、半社会的数据交流，是一种半意识化的数据交流。这种交流方式除了遵循自然的规则外，也随人的认识而发生改变。人类认识事物的过程是自然物数据到人类主观意识的一种流动，而人类改造世界的过程则是人的主观信息向自然的流动。人与人的社会数据交流是人的主观意识的相互作用。这种交流方式是最复杂、最高级的数据交流形式，它依赖于交流者双方的意识及双方的行为，而交流行为既受心理因素的影响，又遵循一定的社会规则，同时与社会的其他方面相联系，构成整个社会运行的大系统。

人类社会经历了数千年的原始文明时代、农业文明时代，又经历了两三百年的工业文明时代，伴随信息技术的飞速发展，现在已经迈入信息文明时代。梳理人类文明的时代变迁，我们可以深切地感受到，在原始社会，人类只会改造或使用简易的工具，例如树杈、石头等，人类文明发展受自然支配，天定胜人；在农业社会，铁器、铜器开始出现，人可以借助工具的力量，一定程度上摆脱对自然的依赖；在工业社会，各种机械化工具、自动化技术快速发展，劳动的体力因素越来越少，工业劳动特有的智力因素则越来越重要，人类文明进入到了机器不断推进的阶段。现如今进入信息社会，伴随互联网及信息技术的飞速发展，人类社会的信息化、智能化不断提升，人类的生活不断被新型技术改变，数据不断驱动人类文明向前发展。

随着新一代信息技术广泛融入到金融、教育、医疗、农业、电信、交通等各个行业，我们真正进入“万物皆数据”的数据时代，数据成为了万物相互连接的重要载体。全球知名咨询公司麦肯锡称：“数据，已经渗透到当今每一个行业和业务职能领域，成为重要的生产因素。”伴随数据在物理学、生物学、环境生态学等领域以及军事、商业、经济、政治、金融、通讯等行业存在和发展的深入，数据成为备受推崇的认知工具。

数据时代，数据连接着万物，数据也改变着我们的生活、颠覆着我们的传统思维。人们越来越享受智能手机、社交媒体、智能家居、可穿戴设备以及各种传感设备等给生活带来的愉悦和便捷，同时源源不断地产生和共享着更多的数据，记录着我们智能生活的点滴。数字技术的不断演进和推动，让一切数据逐渐从概念变为现实，基于互联网共享的数据，社会能轻易实现自身优化迭代，生产生活也基于数据的运用和发展产生巨大的变化。

进入数据时代，人类文明正在以新的方式书写。人们所能想到的几乎所有设备和物体都将实现全天候连接。同时，信息交流的效率影响着人与人之间协作的效果，从而影响着整个集体发展的速率。数据时代谱写出特有的“数字文明”，人类正在“数字文明”中不懈探索，并持续享有数据带来的文明成果和价值红利。

CHAPTER 2

第2章 认识数据

本章核心观点

- 数据的本质是对世界的描述，是客观事物与主观思维的具体表达。
- 数据的表达形式从符号进化到比特，形态从模拟态进化到数据态，范式从人类认知的知识金字塔进化到机器认知的数智三元体。
- 数智三元体是由数据、算法和算力驱动的新范式，从依赖人脑分析凝练的认知模式过渡到机器自学习处理凝结的人工智能模式。
- 数据的第一次作用是认识世界，是“从实践到数据”，实现数据“从无到有”的过程。数据的第二次作用是改造世界，是“从数据到实践”，实现数据“从有到兴”的过程。

人类社会发展的历程也是浩瀚数据产生、迭代与进化的历程。进入数据时代，随着科技的发展，数据广泛而深刻地影响着人类的生产生活，并全面融入人类经济、政治、文化、社会等各领域。数据的潜在价值与创新应用正不断刷新人们对数据本质的认识。以发展的眼光来看待数据的进化，深入理解数据的内涵和作用，是数据时代人类社会必须探索的重要命题。

2.1 数据的进化

数据的进化与人类的发展密不可分。数据的进化需要建立在一定的技术基础之上，受内在动力和外部环境的互相作用，遵循迭代更新的进化规律。伴随着人类文明的发展，数据经历了从模拟态到数字态再到数据态的形态演化，也经历了从原始的数据，到信息、知识和智慧的思维提炼，目前正在经历以“万物皆数据”为背景的，由数据、算力和算法驱动的数智三元体范式进化。在这个进化过程中，数据由边缘角色向中心角色演化，以数据为中心的世界观正逐步得到人们的广泛认同。

2.1.1 数据表达的进化：从符号到比特

在茹毛饮血、刀耕火种的原始时代，语言是人类传递数据和信息的原始方式，而结绳记事则是最朴素的数据记录方法。这些原始的数据记载和信息传递方式已经是人类智慧的一大突破。随着契刻和楔形文字、甲骨文等的出现，人类学会了用文字来记录信息，图形和符号成为了原始时代最主要的数据表达形式。

进入农业文明，各类器具的出现极大地拓展了人类的能力，生产力得到了快速的发展。在这个过程中，人类迫切需要一个工具来进行度量和计算，于是发明了算盘等原始的计算工具。在阿拉伯数字出现前，算盘是中国广为使用的计算工具，与其搭配使用的口诀是数学知识的体现，是古代中国计算技术的标志。随后，生产力在以蒸汽机为起始的蒸汽工业时代和以电力为基础的电气时代中发展进步，人类的数学工具和数学能力也随之突飞猛进，创造了算术、几何、代数、微积分、统计等数学科学分支，推动了经济社会的持续发展。人类学会了用数学工具来表征知识，数字成为这几个时期最重要的数据表达形式。

莱布尼茨和二进制

莱布尼茨，德国哲学家、数学家，被誉为17世纪的亚里士多德，提出并完善了二进制。二进制是最简单的进位制，仅有1和0两个基本符号，逢2进1。用二进制表示的数，位数比较多，虽然人们看起来不够直观，但机器计算时却非常简单。电子电路中，逻辑门的实现则直接应用了二进制，现代计算机和依赖计算机的设备的处理都是基于二进制进行的。

进入20世纪中后期，随着计算机的出现和互联网的普及，人类迎来了信息时代，数据种类和数据量都得到了前所未有的丰富。万物皆可数据化的时代里，数据的表达也不再仅仅是一个个的阿拉伯数字，二进制的比特字符成为人们记录和传输数据的主要方式。人类习惯了用计算机来处理数据，比特成为数据时代最基本的数据表达形式。

2.1.2 数据形态的进化：从模拟态到数据态

数据的形态是随着科学技术的发展而变化的，在很大程度上与信息科技的发展和演化相关。技术体系和技术环境变迁使得数据呈现出三种不同的形态：模拟态、数字态和数据态，并通过数字化和数据化，实现了数据在三个形态间的转换和进化，如表2-1所示。数据的形态目前经历了从模拟态到数字态，再到数据态的发展过程。数字化是把模拟数据变成计算机可读的电子数据，而数据化是把现象转变为可制表分析的量化形式的过程。随着数字化将模拟数据转换为计算机可以读取的电子数据进程的加快，数据收集、分析和处理能力不断增强，当一切内容通过量化的方法转变为数据，意味着数据时代已经到来。

模拟态数据是指以模拟形式进行记录和保存的数据，具有载体和数据相统一的特点，“白纸黑字”是对这一特点的形象描述，表示了物理结构与逻辑结构相统一的特点。在人类数千年的文明发展过程中，形成了多种模拟载体形式，如甲骨、金石、竹简、纸张、胶片等。

表2-1　数据形态的发展

数据形态	模拟态	数字态	数据态
产生方式	自然、测量、抽象、概括等	原生、派生	一切皆可量化，随应用自动产生
采集方式	手工、仪器、设备	数控和数码设备、计算机等	传感器、计算机等
数据管理	文件柜、图书馆管理、磁带、专业设备等	数据库、文件系统	数据库、数据仓库、数据集市、数据湖
计量应用	记载信息、展示和传播知识等	计算记账、建模、知识库构建等	人工智能、机器学习、数据挖掘等

数字态数据在信号性质层面实现了从模拟信号到数字信号的变迁，主要针对的是从模拟环境转换到数字环境中的过程，大量的数据以原生或者派生的方式产生。模拟信号使用连续变化的信号来表示数据；而数字信号则是采用离散的数字信号来表示数据。计算机是数字态数据的技术基础，这个状态的数据逻辑结构和物理结构可以分离，在计算机中，以文件为中心的管理是数字态数据的管理方式，其数字载体在短短几十年间经历了纸带、磁、电、光等介质阶段。

相对来说，连续变化的模拟信号更加贴近自然界事物的原本形态，而数字信号则肯定是带有失真的，这一点在早期的数字信号上就表现得非常明显，也就是有些人在听音乐的时候所说的“数字味”。不过随着设备计算、处理能力的提升，在采样的时候可以将时间与强度档次划分得非常细致，存储的数字信号也就和模拟信号更加相似，加上在还原的时候进行进一步的精细化处理，在超出人类的感受范围之后，一般人就难以区分数字信号与模拟信号的区别了。而数字信号的另一个优势就是更便于用0、1表示的二进制进行编码。模拟信号的缺陷主要是抗干扰能力较弱，在存储、传输的时候，微小的电流、电压、电磁波变动都可能会扰动正确的信号曲线，而且因为无法校验，也难以消除这些干扰。在长时间使用或多次传输、存储后，信号曲线很可能会变得错误百出。而数字信号结构简单明确，可进行校验，因此不易被干扰，特别适合高精度地存储和传输大量数据。

数据态数据是指以量化数据/数据集存在并持续运转形成的数据状态，是以数据为中心的管理状态，数据化把现象转变为可分析的量化形式，量化一切是数据化的核心。处于数据态的各系统的运转、接收、输入、输出等都是以数据交互方式进行，体现的是更高层级和更精细的逻辑结构。通过记录、分析、重组数据，实现对业务的指导；通过智能分析，为决策提供有力的数据支撑。数据态是应大数据、云计算、物联网等为代表的新技术环境变化产生的，信息的处理由相对冗余和庞杂的文件尺度过渡到更容易解析、处理和精准分析利用的数据尺度。

2.1.3 数据范式的进化：从知识金字塔到数智三元体

数据有强大的效用和价值，可以提供关键信息输入的各种分析利用模式，人们使用数据是为了理解和解释我们生活的世界，反过来数据又能作用于业务、产品、政策、知识和创新等，塑造人们生活的世界。传统来说，知识金字塔反映了数据在这一方面效用和价值的发展过程。而随着科技的发展，数据的分析利用模式也发生了范式转变。在21世纪以后，尤其是最近的几年，随着移动互联网的普及和物联网技术的兴起，人和人、人和物之间的空间间隔被无限拉近，世界万物以及人类所有的行为都已经可以通过数据进行记录和保存，数据成为连接人们生产和生活的最重要载体和工具。同时，数据的载体和形态都发生了极大的变化，人们对数据的存储、清洗和处理能力也出现了极大的飞跃。正是这样的发展，促使人们通过数据、算力和算法共同构筑了新的数据范式——数智三元体，进而产生机器智能，依赖人脑分析凝练的认知模式过渡到机器自学习处理凝结的人工智能模式。

1.知识金字塔

知识金字塔的构成如图2-1所示，金字塔的每一层分别通过提取与抽象、处理与组织、分析与解释、应用的过程，来进行提炼和区分数据、信息、知识和智慧，通过揭示关于世界的构成和关系来凝练意义和价值。随着人们对知识的产生、表达转向事实、证据与实验，以数据为基础的实验归纳、模型推演、仿真模拟等成为知识发现与论证的范式，人们一般先提出可能的理论，再搜集实验数据、模型数据或者仿真数据等，然后通过计算来分析因果关系进行实证，从而验证理论的正确性。在这个过程中，数据的作用和价值更加凸显，数据的发展演化正改变着我们看待和认识世界的方法。

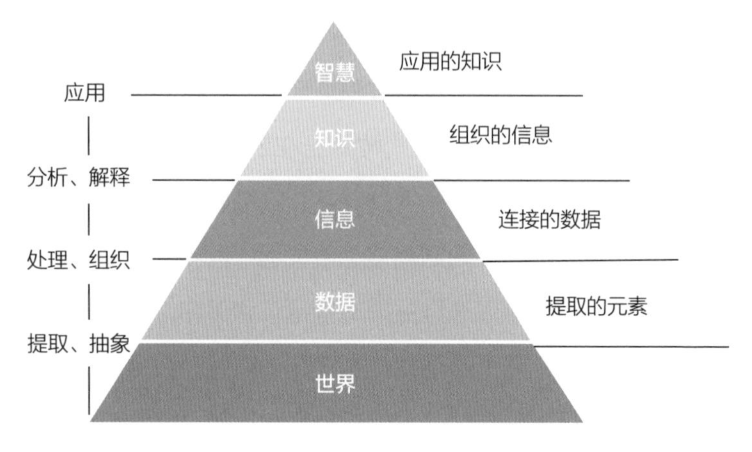

图2-1　知识金字塔

数据是对客观世界的观测、记录、分析与解释，是构成事实、证据、信息和知识的关键要素。对于一些人来说，信息是相关数据的积累，而对另一些人来说，信息是附加了意义的数据，或其中主要数据被重新设计分析形成的连接的数据。从某种意义上来说，数据表现为0和1的原始比特，信息是这些0和1被组织形成的不同模式。

信息是一个更主观的概念，一些学者认为存在三种类型的信息：一是作为事实的信息，例如，指纹、年轮等；二是指导现实的信息，例如命令、算法、食谱等；三是反映现实的信息，例如地图、传记等。信息还通过增加有助于解释的背景内容，超越了数据和事实。这种处理组织可以通过整理、分类、链接等添加语义内容，也可以通过文本或可视化来告知或指示，例如汽车仪表盘上的警告灯指示。信息增加了数据的意义，而通过信息生命周期的过程，通过处理、管理和使用，信息才能被转化为更有价值的知识。

知识是一个有着不同理解的概念。对一些人来说，知识是“将信息转化为指令的专门技术”。在这个框架中，信息是结构化的数据，知识是可操作的信息。换句话说，知识就像把信息变成面包的配方，而数据就像组成面粉和酵母的原子。对另一些人来说，知识不仅仅是一套指令；它可以是一种实用技能，一种知道如何承担或完成一项任务的方式，或者是一种连贯地将信息联系在一起，以揭示关于一个现象的更广泛图景的思维系统。创造知识包括将复杂的认知过程，如感知、综合、提取、联想、推理和交流应用于信息中。

智慧是知识金字塔的顶峰，能够睿智地运用知识。虽然并不是所有形式的知识都牢牢地植根于数据中，例如猜想、观点、信念，但数据是我们理解世界的关键基础材料。以数据为基本输入，通过分类、匹配、分析和建模，试图创造信息和知识，以达到理解、预测、调节和控制的目的。随着时间的推移和不同区域数据的生成，我们能够跟踪、评估和比较跨越时间和空间范围的现象。能够获得高质量大量数据的人，在产生知识和智慧方面，比数据弱势的人具有竞争优势。因此，尽管信息和知识被视为高度有序和价值凝练的概念，但数据仍然是一个具有重要潜在价值的关键要素，能够在转化为信息和知识时实现价值。

2.数智三元体

数智三元体是在“万物皆数据”的时代背景中出现的，由数据、算力和算法驱动的数据范式，如图2-2所示。和知识金字塔不同，数据的分析利用不再必须经历信息—知识—智慧的价值提取和凝练过程，数据化带来的海量数据已经大到非人力所能处理，人类手工无法再将海量异构数据转换为信息，更不用说转化成知识或智慧。处理和分析数据的工作开始交给算力和算法来解决，从而数据能够直接作为智慧和智能的原材料，机器智能使得“顿悟”成为常态。也就是说，知识金字塔是人类处理分析利用数据的传统思维模式，而在万物皆数据和技术变革的背景下，依赖人脑分析凝练的认知模式过渡到

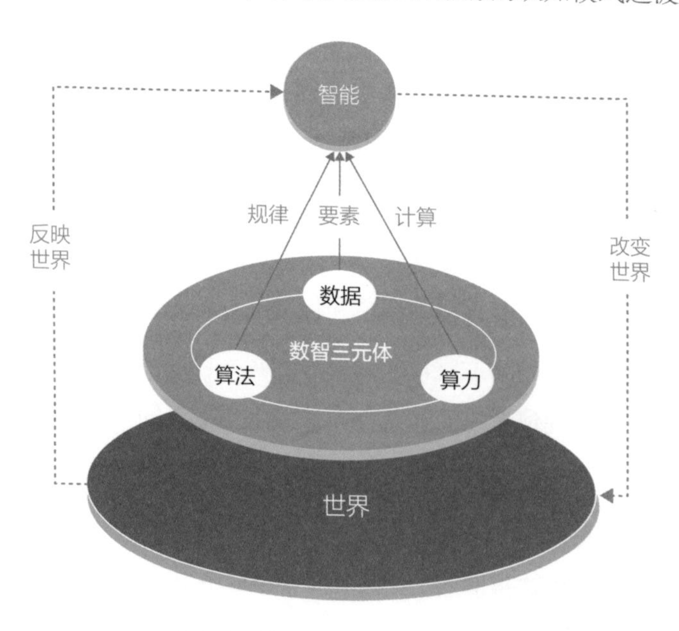

图2-2　数智三元体的理论模型图

机器自学习处理凝结的人工智能模式，数智三元体成为人类利用计算机处理海量数据的新范式，能直接从数据中挖掘出巨大的潜在价值，揭示出新的深刻洞见。数据、算力和算法是数智三元体的三个核心元素，其中，数据是生产资料，算力是生产力支撑，算法是驱动和灵魂。数智三元体最大限度解决了人类主观世界与客观世界之间的信息不对称难题，数据实现了从量变到质变的飞跃，突破了传统简单的因果分析方法，实现了信息社会数据作为核心要素的价值，成为人类认识世界和改造世界的重要工具和基本承载。

当世界万物数据化，海量数据的产生与分析成为常态。进入数据时代，我们每时每刻都在生产数据。智能手机、社交媒体、智能家居、可穿戴设备以及各种传感设备源源不断地产生和共享着海量的数据，据国际数据公司（IDC）推测，2025 年全球每年产生的数据将达到 175ZB，每天大约会增加 491EB 的数据。海量数据改变了人们的生活方式。当文字变成数据，人可以用之阅读，可以更改字体大小，添加笔记；机器可以用之分析数据化文本，发现公众标注喜好的章节，改进机器翻译服务，从而创造价值。当方位变成数据，人们可以跟踪事物的地理位置信息，定位系统在全球范围内全天候、全天时为各类用户提供高精度高可靠定位、导航、授时服务。当沟通变成数据，出现了社交图谱，将人们的体验转化为自由流动的数据，人们态度和情绪转变为一种可分析的形式。

高性能高智能的超级算力突破了人类的计算极限，支撑着数据价值的挖掘和实现。算力，也称计算力，指数据的处理能力，由数据的计算、存储及传输三项指标决定。数据爆炸带来超大规模的数据资源突破，对运算速度和存储能力提出了更高要求，传统计算能力的不足制约了新时代数据价值的进一步挖掘和实现。近几年随着现代信息技术的快速发展，尤其是分布计算、云计算、边缘计算、移动计算、量子计算等算力技术的出现和进步，算力得到了突破性提升，成为数据时代的重要数据生产力。目前，以CPU为代表的通用计算能力、以GPU为代表的高性能计算能力、存储能力、网络能力的发展和提升都离不开高性能芯片，智能算力超越了旧思维和固有模式，逐渐成为数据时代生产力发展水平的重要参考依据。各国政府和企业均布局云计算，进行人工智能计算芯片研发，加速建设超大规模的数据中心和算力中心，中国也在集中攻克算力发展瓶颈，优化算力资源结构布局，推动算力协调发展。未来，异构加速计算的需求日益旺盛，高性能计算能力将大有可为，“大型+边缘”的双向发展对算力提出了多样性的要求，谁掌握领先的算力，谁就掌握时代发展的主动权。

算法是数智三元体的灵魂，赋予了数据生命，并开始由虚拟空间向现实空间延伸作用。不断优化的智能算法具备自主学习能力和预测能力，突破了对人的过度依赖，能够适应数据和应用场景的变化，随着时间的推移和自我发展，可以通过自我学习进行自动改进和调整，将机器学习与人类智慧相结合。这并不是说人类被淘汰了，而是说他们与这些思维技术一起工作，从而揭示数据中隐藏的见解并支持自动决策，数据的价值必须通过用来生成、处理和分析它们的思想、工具、实践和知识来实现。随着越来越多的事物和事情被数据化，通过对海量数据的挖掘能得到更多的价值和见解，越来越多的行业、组织和个人意识到他们对数据的利用需求，人类从依靠经验知识做决策转变到依靠数据做决策。

先进的算法可以充分驱动数据资源的价值发挥和算力作用，创造重大业务价值和见解。考虑到数据的效用和价值，以及用于生产和分析它们的精力和资源，数智三元体将传统的学习金字塔彻底反转，数据的流量算法已经对我们的日常生活起到重要作用。作为大数据技术在信息传播领域的普遍应用，算法推荐实现了信息与人之间的精准高效匹配，满足了用户多元化、个性化的信息需求。算法类资讯平台依托大数据、机器学习等，准确匹配用户兴趣，进行精准的个性化资讯分发，获得了远高于老牌门户网站和主流媒体新闻客户端的用户规模和日均使用时长。当传统新闻媒体和自媒体平台都开始往自身产品功能添加算法时，算法已经成为几乎所有主流资讯分发平台的标配。例如“朋友圈热文”基于其用户数据，通过分析用户画像、阅读习惯和偏好等进行算法设计来推荐内容。从各国新闻客户端排行也可以发现，个性化推荐已经成为世界新闻客户端的潮流，在世界主要国家的新闻客户端市场上，前三名中必然会有算法推送类的 App。

算法对各行各业的跨界整合，使流量构成一种权力的行使和对于传统权力模式的替代。一些学者将2016年视为算法超越人工的拐点之年，里程碑是在信息分发市场上，算法推送占比已经超过人工推送。美国皮尤研究中心的报告显示，在2016年，62%的美国成年人通过社交媒体获取新闻。《数字新闻报告2017》显示，54%的受访者更喜欢通过算法来筛选故事。《2020年中国泛资讯行业研究报告》显示，流量在头部平台高度聚集，日活跃用户数均在1亿以上。数据的生产和分析使企业能够在组织和运营方面更明智，提升灵活性和创新性，降低风险和运营损失，改善客户体验，并最大限度地提高投资利润回报。当我们在进行网络搜索、滚动浏览社交媒体上的信息、阅读新闻资讯平台上推荐的新闻，或者从音乐平台上接收歌曲推荐时，实际上我们正在被算法指导，甚至算法比我们本人更了解我们的阅读与消费习惯、爱好与交友情况，我们每天的决策和选择都会受到算法的影响。通过数据和资本积累，数据促进了新的劳动分工和新一轮的不均衡发展。

2.2 数据的内涵

何为数据？提到数据，人们通常在很大程度上考虑如何生成和分析它们，或如何利用它们洞察和产生价值，而不是像信息那样从概念和哲学的角度考虑其本质。就像我们提到一座城市更倾向于关注其建筑，而不是用来建造它们的砖块和砂浆一样，数据也是如此。实际上，数据的内涵非常丰富，多角度辨析数据的概念、多层面识别数据的特征、多维度看待数据的分类是认识数据本质的有效途径。

2.2.1　数据的概念

数据由“数”和“据”共同构成。“数”就是数值，能够精确刻画现象、描述规律，发展至今日，我们对数据有了全新的认识，“数”不再是狭义上的数值，或是声音、图像、符号、文字等，而主要是以电子形式传递和存储的信息载体；“据”就是根据，即刻画和描述的对象、背景或语境，让数据有了具体的指称对象。但是“数据”这个概念尚未有各领域和各学科通用的定义。人类对数据的理解不仅随着时间的推移而演变，而且因角度的不同而不同。

在微观层面，主要是从数据的表现形式来进行定义。比如从计算机科学的角度看，数据是可以处理和电子传输的二进制集合，数据构成计算的输入和输出。数据是客观事物的符号表示，是所有能输入到计算机中并被计算机程序处理的符号的总称。《辞海》（第七版）把数据定义为描述事物的数字、字符、图形、声音等的表示形式，常指用于计算机处理的信息素材。《图书馆·情报与文献学名词》将数据定义为：数字、字母与符号的集合。

在中观层面，主要是从数据的计算和效用角度来进行定义。从数学的角度看，数据是数值，是指进行各种统计、计算、科学研究或技术设计等所依托的数值。从统计学的角度看，数据是作为信息来源收集的测量或观察值，有各种不同类型的数据，以及表示数据的不同方法；数据是通过观察收集的信息，通常是数值型的，是关于一个或多个人或物体的一组定性或定量描述值。从立法的角度看，《数据安全法》等规定：数据是指任何以电子或者其他方式对信息的记录。

在宏观层面，主要是从数据承载的内容来进行定义。从认知角度来看，数据是事实的集合，在拉丁文里是已知的意思，也可理解为事实，是进一步推理的基础，构成了经验证据。从信息管理的角度看，数据是信息的原材料，数据构成可以存储、处理和分析的表征性信息，但不一定代表事实。从知识管理的角度看，数据通常被理解为是通过将世界抽象为类别、度量和其他表征形式而产生的原材料——数字、字符、符号、图像、声音、电磁波、比特——这些都构成了创造信息和知识的基石。

对数据的理解还包括其他角度，如具有物质性的角度、作为交易商品的角度、构成公共利益的角度等。数据从来不仅仅是记录，数据的构思和使用方式因获取、分析和得出结论的主体不同而不同。例如一件瓷器，技术工人关注其原料、磨具、烧制温度等数据，艺术鉴赏关注其色彩、纹路、年代、价值等数据。这些角度的出发点和侧重点虽然各不相同，但是可以归纳提炼出人们对数据认识的一些共性，即数据的本质是对世界的描述，是客观事物与主观思维的具体表达，是世界的电子或者其他形式的表征。具体来说，数据是描述事件或事物的属性、过程及其关系的信息载体，比如文本、数字、符号、图形、图像、声音、电磁波、比特等。立足数据时代，数据的载体已经从符号进化到比特，形态已经从模拟态进化到数据态，范式已经从知识金字塔进化到数智三元体，从人类智慧的经验模式过渡到人工智能的数智模式，而本书中的数据特指可用于计算机处理的信息素材。

2.2.2　数据的特征

了解数据的特征，才能更准确地理解数据的概念内涵。从广义来说，数据是客观存在的，万物皆可由数据表达，因此数据具有泛在性。数据的提取方式、表现形式、数据介质、组合形式等多种多样，因此数据具有多样性。数据的利用还会因使用对象、应用场景、数据时效、数据链条复杂度等因素产生变化，因此数据具有混杂性。

从数据和信息的关系来说，数据的特征表现为客观性、原始性和载体性。数据用于表示对事实或观察的结果，是对客观事物的逻辑归纳，是未经加工的原始材料。数据是源于物质、业务、研究对象的客观存在，是描述相关对象，加强人类认知的基本元素。信息是将数据关联组织处理形成的有意义的表述。从某种意义来说，数据是信息的载体，具有技术上的可控性和客观存在的独立性，而信息则与人类的意识和观念相关。因而相比信息，数据是网络空间中的“实在物”，可成为法律和权利关系的客体。作为客体，数据与有形物一样，承载着诸多不同性质的利益，可接受不同权利制度的调整，如合法数据持有者基于对数据的控制和前期投入，对数据的经济利益可享有财产性权利，但该权利的行使应受到用户人格利益和公共利益的限制。从数据的载体属性来看，数据可以是一段信息，可以是经验知识，也可以是对人类智慧的记载。

和数据的定义一样，数据的特征也体现在微观、中观和宏观三个层次。在微观层面，数据的特征在于其表现形式是电子化的，在最底层的架构就是0和1形式的二进制集合，比特是数据最基本的表示；在中观层面，数据的特征表现在其处理和计算工具主要是计算机，算力和算法是数据处理的两大基础，信息科技的进步很大程度体现在对算力和算法效率的提升；在宏观层面，数据的特征表现在其可描述可量化世界万物，包括客观事物与主观思维，世界的本质从某种程度来说，就是数据和数据间的关系组合。

还有许多其他方式可以思考和理解数据的特征，例如从关于数据质量、有效性、可靠性、真实性和可用性以及如何处理、共享和分析数据来进行理解；或关于数据生成原因的伦理角度；或考虑数据如何作为公共产品、政治资本、知识产权或商品，以及如何被管理和交易的政治或经济角度；或者从空间和/或时间视角，考虑数据生产及其使用的技术、伦理、政治和经济体制是如何在空间和时间内发展和变化的；或者从哲学视角，从本体论和认识论考虑数据的各种观点。

2.2.3　数据的分类

数据的特征在不同层面表现不同，而数据的泛在性、多样性和混杂性使得数据分类的维度纷繁复杂，例如数据可以因形式、结构、数据源、生产者和所有者等不同而产生不同的分类。数据的分类既体现了对数据本质的认识，又是对数据进行管理和利用的方法，因而对于数据的分类可以从数据本身、数据生命周期和数据治理三个维度来进行，如图2-3所示。

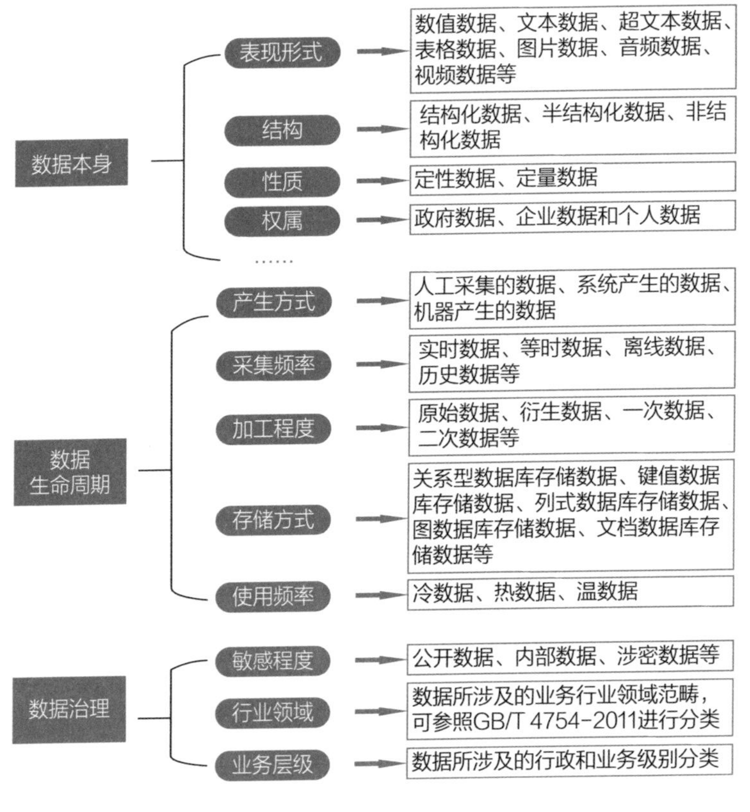

图2-3　数据的分类

一是针对数据本身的分类，可以理解为从静态维度对数据的状态进行分类。其中，按照数据的表现形式可以划分为数值数据、文本数据、超文本数据、表格数据、图片数据、音频数据、视频数据等；按照数据的结构可以划分为结构化数据、半结构化数据、非结构化数据；按照数据的性质可以划分为定性数据和定量数据；按照数据的权属可以划分为政府数据、企业数据和个人数据，不同类别的数据之间是可转换的，例如个人数据通过脱敏、清洗、语义化等手段与人格利益脱钩后，可以变成企业数据。

二是针对数据生命周期的分类，可以理解为从动态维度对数据产生、采集、加工、存储、利用过程中的数据进行分类界定。按照产生方式，可以将数据划分为人工采集的数据、系统产生的数据和机器产生的数据。机器产生的数据主要包括传感器数据和日志数据等。按照采集频率，可以将数据划分为实时数据、等时数据、离线数据、历史数据等，具体可以细化到每秒、分、时、天、周、月、季度、半年、年、不定期、不更新等。按照加工程度，可以将数据划分为原始数据和衍生数据，原始数据又称为一次数据，衍生数据又包括二次数据、三次数据等。按照存储方式，可以将数据划分为关系型数据库存储数据、键值数据库存储数据、列式数据库存储数据、图数据库存储数据、文档数据库存储数据等。按照使用频率，可以将数据划分为冷数据、热数据、温数据等。

三是从数据治理的角度对数据分级分类，可以理解为从业务和数据的应用角度出发，对数据进行分类，明确哪些数据属于哪个业务范畴和业务级别。而数据分级是对数据分类的另一个角度，更多是从满足监管要求和数据安全的角度出发。可以结合数据本身、数据生命周期和业务领域的数据分类，判定数据的敏感等级。数据密级程度有的高、有的低、有的可公开、有的限制公开、有的不可公开，敏感等级不同的数据对内使用时受到的保护策略不同，对外共享开放的程度也不同。因而，将数据按照敏感程度划分，可分为面向不同对象范围、赋予不同访问授权的封闭数据、共享数据和开放数据，如同光波存在可见光、不可见光等不同频段一样，数据的共享开放程度也呈频谱分布，如图2-4所示。

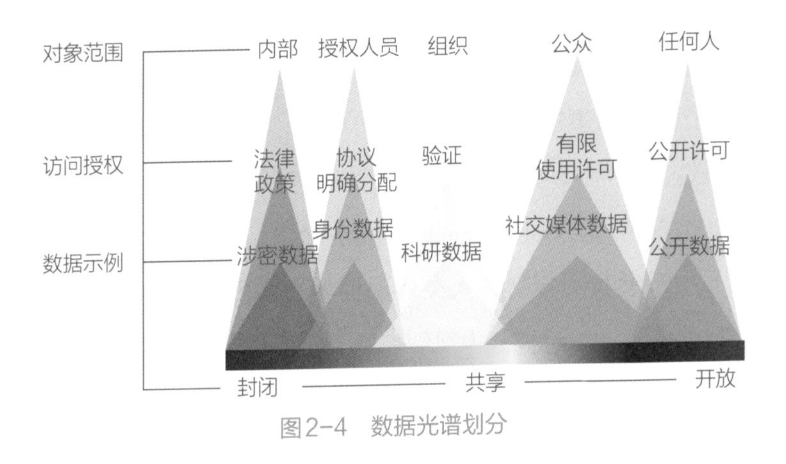

图2-4 数据光谱划分

2.3 数据的两次作用

数据的进化不仅持续更新人们对数据本质的认识，更凸显出数据的作用和价值。数据世界如同浩瀚的星际，人类对数据世界进行不懈的探索，而探索的成果又推动人类不断进化，循环往复，更新迭代。数据的进化和人类的进化相辅相成，从而成为人类认识世界和改造世界的核心要素，整个过程表现为数据的两次作用。

2.3.1 数据的第一次作用：认识世界

尼罗河下游的古埃及、两河流域的古巴比伦、恒河与印度河畔的古印度，以及黄河与长江流域的古中国，这些文明古国都诞生了数字和数学。各个文明古国在长期的生产生活实践中，对数学和数量关系的研究各具特色，成绩斐然，可以说数据一直伴随着人类一起进步。毕达哥拉斯将数提升到本体的高度，提出“数是万物的本源”这一超越时代的思想。“万物皆数”把数作为事物的属性和万物的本源，世界万物的物理运动和表达方式都可用数进行描绘。用数来诠释世界的法则和关系，是古代人类认识自然界的朴素观念。

由于感官的限制，人类认识世界的能力是有限的，借助于科学的发展，这种能力得到扩展。随着互联网、大数据、云计算和人工智能等新一代信息技术的发展，一切都被记录，一切都被分析，世界万物皆可表达为数据。不仅自然界实现了数据化、社会实现了数据化，而且人本身也在实现数据化。宇宙万物都可以用数据来演示和模拟，任何事物甚至是现象，都是由无数数据来建构的。数据流是宇宙的重要组成元素，数据的第一次作用就是认识世界，满足人类测量、记录和分析世界的需求。

具体来说，根据数据的来源，数据可以从物质、人群活动、企业应用过程和机器设备上被提取出来，从研究对象的角度来讲，完成了数据“从无到有”的实质化过程，从业务应用的角度来讲，实现了数据“从实践到数据”的过程，从而实现数据的第一次作用。人们认识到，数据是研究对象的固有属性，在没有对研究对象进行观测和操作之前，数据依附于该研究对象静态存在。当人们对研究对象上的数据进行提取时，比如从一幅画上得知它的长度、宽度、作者、纸张产地、作画时间、价格、风格类型等数据，得到了关于该对象的描述性片段。此时数据的作用体现在对研究对象本身状态的结构化描述，向我们传达该对象的信息，帮我们完成对研究对象的认知。数据的第一次作用还源于业务在具体应用场景中对数据价值的需求。数据在业务中产生，包括业务数据，例如产品信息、用户信息、市场信息等；系统数据，例如管理系统数据、社交应用数据等。业务中的数据作用在于说明业务场景各环节的运营情况或应用的使用情况，比如一条流水线的产品件数、运行时间、参与工人数、折旧、工作时长等。同样地，此时数据只是对业务应用的单方面表述，让我们对业务本身有一定的直观感受，但单一的数据并不会直接反映业务应用中的问题。

数据处在发挥第一次作用的阶段时，数据是呈碎片化的，这时的数据处于原始状态，在被处理和使用之前是相对静态的，不具备流动性。但数据价值是通过数据的流动实现的，这引发了人们对数据价值的思考。人们逐渐开始围绕数据特征、结构、价值等特性提取数据、分析数据、整合数据和存储数据，例如，人们基于文件类型、内容、创建者、修改者等标识对数据对象有的放矢地分类和保存，优化数据流动过程中的数据链条，充分发挥数据的效用价值。这种以数据为基础的信息提取和组织、知识分析和利用，初步揭示了关于世界的构成和关系，而以算力支撑和算法驱动的数智三元体，通过对海量数据的“思考”，构造基于数据的、开放协同的创新模式，促进数据密集型的智能和智慧涌现，进一步扩展人类认知世界的广度和深度。

2.3.2 数据的第二次作用：改造世界

如果说世界的进步在于不断地更新和改造，那么数据则是这种更新和改造的根本属性和存在形式。数据是变革世界的关键资源，正在以超乎想象的速度和深度，介入和改变人类的生产、生活和生存方式，成为人类改造世界的基本工具和载体，人们逐渐形成以数据为中心的价值和作用认知。从数据生产力，到数据生产关系，再到数据权益，数据正在发挥第二次作用，即改造世界。

数据的第二次作用是在数据经过了分析整合后再次应用到具体业务中时体现的，是数据“从有到兴”的过程，是“从数据到实践”的过程。当数据由原始状态进入业务流程进行流动时，数据价值在使用和交易过程中逐渐实现。

人们使用数据的过程是一个逆熵的过程，通过人们的劳动使数据变得有序化，但数据不会停止衍化和流动的过程，我们只能对某个特定时间和空间上的数据进行价值衡量。在数据流入业务流程后，数据在使用和交易过程中不断地累积和衍生，新的数据在旧的数据基础上产生，数据量变得越来越庞大，数据的作用效果也会越来越突出，数据价值的衡量要素构成也越来越复杂。数据价值的多少由当前数据所处具体业务流程和环境约束，并受数据价值的影响因素决定。基于具体的数据环境，各要素之间相互作用，影响着数据价值的最终形态和数据第二次作用的效能。

数据在人类实践活动中的作用至关重要，人类的实践活动产生数据，数据反作用于实践活动。从实践活动的数据过程来看，人类首先创造目的性和计划性的数据，而后在这些数据

熵增：混乱程度的增加

熵（Entropy）最早是由德国物理学家克劳修斯在1865年提出，用以度量一个系统“内在的混乱程度”，代表事物的不确定性，或者说混乱程度。

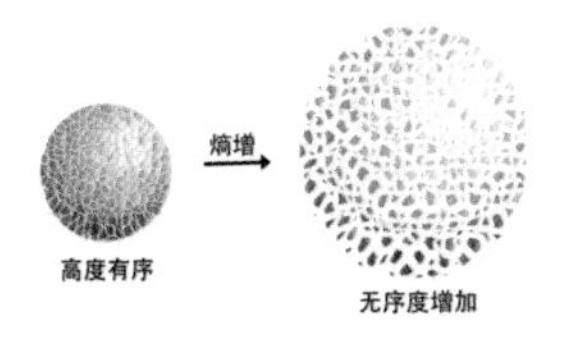

熵增理论是指一个孤立系统的混乱程度只会增加，不会减少，熵达到最大值时，能量均匀分布。

的指导之下，人类作用于客体对象，形成实践活动。而在实践活动中，新数据的生成与流通使得完善现有实践、扩大实践范围得以成为可能。基于这一复杂交织的数据环路，我们可以看到，实践不仅仅是一种有关物质和能量的活动，更是基于信息的活动。作为信息的载体，数据贯穿于人类一切的实践活动之中，既包括日常的一言一行，也存在于经济的生产活动、社会的进步发展之中。新旧数据共同形成新的数据集合，在下一次的交易和使用中融合劳动力、资本、技术等更多的生产要素，在经济和社会发展中发挥更大的作用，实现数据价值。该过程循环往复，数据新旧更替，数据作用不断提升，数据价值不断涌现，人们从中持续受益，从而驱动世界的改造和进步。

数据熵增

数据本身在不断增殖，信息熵的概念和理论充分说明数据价值的增益时刻都在发生。数据衍生过程是数据自然增长的过程，系统总是朝着熵增的方向发展。数据的集合不断地增大，在当前系统达到饱和时，能够释放能量，实现信息外溢。数据在原有的基础上实现新数据和旧数据的叠加，进而不断累积数据的价值。

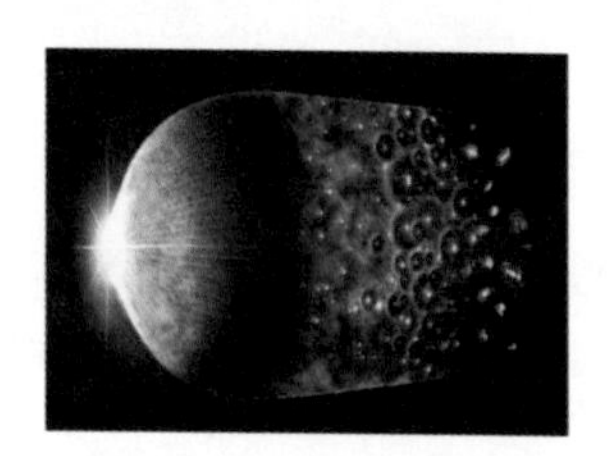

CHAPTER 3

第3章 发现数据价值

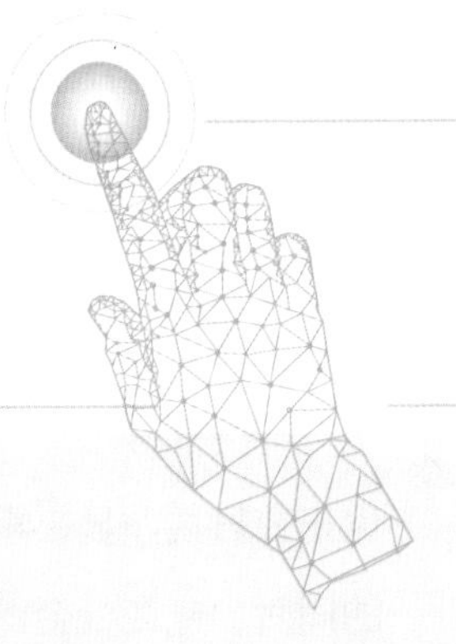

本章核心观点

- 数据价值包括本质价值、效用价值和交换价值。本质价值反映的是数据本身属性带来的价值；效用价值反映的是数据作用于业务和使用场景的价值；交换价值反映的是数据交易过程中具体呈现的价值。
- 数据固有属性指数由规模指数$S(x)$、维度指数$H(x)$、活跃指数$A(x)$、耦合指数$R(x)$和粒度指数$P(x)$构成，是度量和表示数据价值的基础。
- 数据价值的实现路径是数据结构化、资源化和要素化的过程，是数据从无序离散状态到有序聚合状态的过程。
- 数据从实践中来，又到实践中去，通过持续不断的衍生过程形成“数据价值链”，最终为业务服务赋能。

现阶段，数据已逐步成为人类社会发展关注的焦点，人们开始从不同的维度探索数据价值的实现。从价值的构成因素出发，明确数据价值的分类和特征，并以需求为导向，探索数据价值的度量，逐步揭开数据价值的面纱。数据价值在具体业务场景中得以体现，依照数据价值实现路径，数据从业务中来，又通过有序流动为业务赋能，形成数据价值链条。

3.1 数据价值

作为新型生产要素的数据具有许多独特的属性，其价值也正在日益凸显，重塑着我们的生产、需求、供应、消费方式的同时，也使社会的组织运行方式发生改变。对于数据而言，目前仍有一些问题亟待解决，如数据确权、数据安全、流通管控、共享开放等，都需要我们从实践层面推动创新发展，并破除传统依赖，搭建新理论和新方法。其中，厘清数据价值的因素和属性特征是实现数据价值的基础性工作。

3.1.1 数据价值因素

劳动价值论认为，商品价值由无差别的一般人类劳动，即抽象劳动所创造。马克思继承了亚当・斯密、大卫・李嘉图理论的科学成分，在劳动价值论基础上科学地创立了剩余价值理论。从这个理论出发，作为人造物的数据，其产生、采集、加工、存储、传输和利用等过程也具有凝结人类劳动的特点，数字化劳动创造了数据价值。

要素价值论最基本的观点则是土地、资本、劳动力、技术等生产要素共同创造价值，提倡按贡献分配。他们认为，资本、土地也要参与分配，因为它们也参与了价值的创造。数据作为新的生产要素，具有其他生产要素不同的属性，它可以描述其他生产要素的特点，并客观存在于其他生产要素中，可以说数据是“要素的要素”。

在传统要素产生价值的过程中，价值并非只由主体和客体两方面因素组成，而是由多种因素共同作用的结果，包括：实践因素、认知因素、社会因素、情感因素等介体因素。在数据要素产生价值的过程中，这些因素也有具体的体现：客体因素是指数据作为客体是价值的承担者，其价值主要取决于数据本身的属性和内容；主体因素是指数据价值还取决于使用主体的个人或组织，及其生存和发展的需求，离开使用主体及其需求，数据就只能是尚未价值化的客体；实践因素是指数据价值现实化、场景化的具体利用过程，是数据在具体业务活动中的价值体现；认知因素是各使用主体对数据价值的事实性认知、情感心理和价值认同；社会因素是指数据客体和使用主体间的需求价值化，是“社会需求”对数据价值影响的体现。

也就是说，数据的价值是相对某一主体而言的，其价值不仅取决于该数据的自身本质特性，还取决于主体特性和介体特性等的相互作用。即数据价值是通过主体对客体数据的价值认同体现，并受其他介体的影响，是一个由主体特性、客体特性、实践特性、认知特性、社会特性等变量所组成的复杂函数。

3.1.2 数据价值特征

与传统“物”不同，数据并非以实体形式存在，没有质量、没有能量、没有固定形态，必须依托载体存在，同时作为基础性资源，数据还能大幅提升其他要素的生产效率，快速释放数据红利。具体来说，数据价值的特征体现在差异性、时效性、不确定性和转移的无损性四个方面。

数据价值的差异性。传统市场对商品已有非常成熟的价值评估模型，且有历史的价格作为借鉴，但对于数据来说，其价值无法直接体现，因此实际测度比较困难。首先，数据是在业务过程中积累产生的，其初始目的并不是作为一种商品出售，因此数据自身的具体价值并不明确。其次，它的价值不仅由数据内容和规模决定，更重要的是对数据进行分析和挖掘以后产生的价值，且由于不同使用者的需求和利用方式相异，产生的价值也具有很大差异性。

数据价值的时效性。从时效性而言，传统产品的价格有更长时间的稳定性，而数据具有更高的时间敏感度，有些数据是实时变化的，要求数据提供者必须及时更新数据，因为实时性强的数据经历一段时间后可能就会贬值，被更新的、更有价值的数据代替。同时，不同数据的数据价值时效性各不相同，有些数据的价值随时间变化相对较快，有些对时间敏感性相对较低。

数据价值的不确定性。数据价值的不确定性很大程度是由数据权属的不确定带来的。所有权是数据确权的争议焦点，主要的观点包括：数据载体说，即数据原始处分权归属于数据载体的所有人；制造说，即数据制造者为数据所有权的原始取得人；交易观念说，即主张数据所有权应建立在交易观念基础上，归属于交易行为的供应者。

数据价值转移的无损性。数据具有初始成本高、边际成本低、累积溢出效应明显、流动性强的特点，数据总量随时间推移趋近于无限，快速增长的数据资源蕴含着巨大价值，数据的存储成本却越来越低；数据又极具流动性，复制使用的边际成本很低，使用过程中数据非但不会被消耗，反而能产生更多数据。

3.1.3　数据价值构成

任何客观事物都有其价值，但对其具体的价值判断不能一概而论。“物品、产品、商品”都是对客观存在事物的描述，其中物品是事物的统称，没有明确场景指向性，通用性高。产品是制造物的统称，没有明确的商业属性。商品是交易品的统称，可以是任何产品，只要其存在两方以上的利益交互都可以称为商品，有明确的商业属性。马克思商品流通理论认为，商品是具有使用价值的产品，使用价值是产品成为商品的首要条件，不具有使用价值就不能用于交换，也就不能成为商品。数据由自身固有属性决定了其价值，因此，数据在流转过程中也可用于交换，交换行为发生的前提也是交易双方对数据使用价值的认同。

马克思政治经济学指出，价值是指凝结在商品中无差别的人类劳动，价值与使用价值和交换价值紧密联系。数据无疑具有因使用而发挥数据效用的价值，但这方面价值是变化的，是依场景而定的。企业可以选择在自身经营场景中使用数据，在其庞大的产业生态圈内，对商品生产、流通以及消费需求数据进行采集、分析和运用，以数据驱动商品流、物质流、资金流等要素，进而提升流通效率。此时，数据因其属于内部使用，没有用于外部交换，因此尚未产生有效交换价值，也无需进行定价或估值。但数据对提高运营效率的作用催生了市场需求，由此，专门采集、处理数据并以数据分析和交易为主业的公司促进了数据交换价值的产生，数据一旦形成交换价值，就和土地、资本等一样，成为国民经济发展的关键生产要素。简而言之，数据并非天然是生产要素，作为生产要素的数据需要具备以下条件：一是可以经过加工或分析，用于提供数据产品或服务；二是能直接或间接地参与生产活动；三是能用于交易或流通。

数据是一种新的生产要素，是生产力发展至今的必然产物，其具有不同于其他生产要素的特点。数据的“超物”客观存在性使数据具有不同于传统物的交易模式，一方面由于其非实体存在，本身不具有物品属性；另一方面由于其可复制的特点，数据价值可以实现无损转移，这使数据价值的衡量区别于传统商品的价值度量方法。因此，数据要素的价值体现，需要将数据限定在适应的约束条件下进行。数据价值的衡量结合特定的时间、场景，可在数据流通的不同环节中进行评估。以数据在业务中的流动为实践背景，依据数据在不同流通环节中具体的价值体现形式，将数据价值分为本质价值、效用价值、交换价值三个层面的价值进行讨论。

数据的本质价值。数据的本质价值是数据本身属性带来的价值，体现了数据中的数字化劳动，即数字技术融入劳动者、劳动资料和劳动对象等生产力要素中，对数据进行采集、生产、挖掘、整理、分析和服务等的劳动。数字化劳动具有复杂性，包含较高的科技含量，具有数字化、智能化特征。劳动的结果是体现生产目的的劳动产品，包含数字化产品、数据产品和数据服务等。对于数据的本质价值，其数字化劳动仅体现在对数据本身的作用方面，其作用结果产生的数据可根据其属性进行度量。

数据的效用价值。数据的效用价值是数据能够反映所记录事物的信息，并作用于业务和世界的价值。基于事实的数据通过数字化、编码化、序列化、结构化，转化成信息，进而形成知识和智能。因此，在具体业务中数据会变得更有用，从而实现效用价值。

数据的交换价值。数据的交换价值在数据交易过程中得以体现。数据要成为具有扩散价值的、可估值的产品要经过一系列经济操作，如加工处理、确权、定价等。以在购物网站下单、通过网约车前往某地等为例，该场景中数据的产生过程是无意识的、没有成本的，也不具有商业属性，但通过对这些离散式数据的采集和处理成为可应用的数据产品后，一旦发生在数据交易过程，它便具有了商业价值。

度量数据价值以探索数据的本质价值为基础，结合具体业务流程的时间和场景约束，考虑使用主体的需求，在共同的价值认知下确定数据的效用价值。数据因具有效用价值而产生数据的交换，从而最终实现数据的交换价值。

3.2 数据价值度量

互联网广泛兴起和应用后，数据的持有者都把用户数据看作他们赖以生存的基石，因此，他们纷纷看紧用户数据，也坚信数据有价值。但在数据的交易和流转过程中，对于数据价值的度量却没有适用的规则，导致数据价值难以评估。上节将数据价值分为本质价值、效用价值和交换价值，本节将尝试对数据的本质价值、效用价值和交换价值进行度量，旨在促进数据要素在数据市场合理、有序地流动。

3.2.1 数据固有属性指数

数据由于自身特征的复杂性导致其价值度量存在一定难度。即便如此，数据价值的度量离不开数据本身，度量的对象仍是数据。因此，从数据固有属性角度看数据价值，人们普遍熟知的属性包括数据的数量、类型、格式、编码方式、命名规则等。这些属性是数据描述事物的主要方式和数据存储的主要方法，并且更具有数值特征。数据还有其他属性，涉及数据来源、数据时效性、数据规模、数据转移等。数据转移过程的无损性一定程度上使数据规模发生变化，使数据来源更加丰富，从而增加了数据价值的不确定性。这里，通过将数据的固有属性归纳为SHARP指数模型——规模指数$S(x)$、维度指数$H(x)$、活跃指数$A(x)$、耦合指数$R(x)$和粒度指数$P(x)$五个指数，进而进行数据价值的度量和表示。

规模指数$S(x)$：与数据规模相关的属性，包括数据条数、体量大小、增长速度、适用范围、获取难易程度、独占程度等，这些属性构成数据价值的规模指数。

维度指数$H(x)$：与数据来源相关的属性，包括来源渠道种类、来源数量、来源方式、来源类型、覆盖范围、重复率、一致情况、采集方式等，这些属性构成数据价值的维度指数。

活跃指数$A(x)$：与数据时效性相关的属性，包括更新和访问时间间隔、存在时间、更新差异度、访问系统数量、常用属性数量、累计访问次数、累积更新次数等，这些属性构成数据价值的活跃指数。

耦合指数$R(x)$：与数据转移相关的属性，包括流入流出数量、流入流出数据频率、流入流出数据大小、流入流出数据关联强度、数据依赖程度、数据独立程度等，这些属性构成数据价值的耦合指数。

粒度指数$P(x)$：数据的数量、类型、长度、精度、完整度、准确度、合规性、格式、编码方式、标准、命名规则等，不同的数值精度体现数据的差异性，也影响数据的价值，这里把这些属性称为数据价值的粒度指数。

3.2.2 数据本质价值的度量

数据蕴含了个体或物体某些方面的特征或其他解释性信息，这些信息体现了数据固有属性指数的不同方面。对数据本质价值的度量是对数据属性的表示。因此，从数据固有属性指数度量数据，可将数据的本质价值GV表示为：

$$GV(t)=GV(t_0)+\Delta GV \quad (1)$$

其中，

$$GV(t_0)=F[S(x), H(x), A(x), R(x), P(x)] \quad (2)$$

$$\Delta GV=\int_{t_0}^{t} wave(t)\,dt \quad (3)$$

公式（1）中的t表示进行度量的具体时刻，$GV(t)$表示t时刻数据的本质价值，$GV(t_0)$表示数据产生时刻的价值，ΔGV表示本质价值的累积波动变化量。公式（2）中$F[S(x), H(x), A(x), R(x), P(x)]$是与数据固有属性指数相关的度量函数。由于数据的本质价值具有时效性和不确定性，因此数据的本质价值会随时间的推移呈现不确定性波动，公式（3）中$wave(t)$是数据价值波动函数。随着时间的推移，ΔGV呈波动性变化，或增或减，一定程度上取决于数据固有属性的可靠程度和适应能力。由于数据提取过程是持续发生的，因此 GV 也会随时间产生连续变化。

3.2.3　数据效用价值的度量

当数据发生流动并进入业务流程时，数据价值会受数据利用的时间和场景中诸多可变因素影响。这些影响因素包括主体因素 M 和介体因素 I 两部分。其中介体因素包括实践因素 p、认知因素 c、社会因素 s 等方面。在数据使用过程中，这些影响因素作用于数据，最终对数据价值度量结果本身起作用。

数据与具体的使用场景或者使用主体相关联，成为具有效用价值的数据产品。数据的效用价值具有多变且易变的特点，其在很大程度上取决于使用场景各要素的共同作用。根据香农的信息熵理论，数据中包含的这些信息可以帮助数据使用者降低结果的不确定性，使数据价值产生增益，这便使数据在使用过程中的价值体现更加突出。基于数据的效用价值特征及其应用场景分类，定义数据效用价值 UV：

$$UV = \iint MU(s,t)\,dsdt * GV + F[G(Y,X) \mid W(M,I)] \quad (4)$$

其中，

$$I \subseteq \{p,c,s,\cdots\} \quad (5)$$

$$G(Y,X) = H(Y) - H(Y \mid X) = \sum_{x \in X, y \in Y} p(x,y) \log \frac{p(x,y)}{p(y)p(x)} \quad (6)$$

由公式（4）可见，UV 主要由两部分组成：一是特定时

间、场景下对数据本质价值 GV 的使用情况，二是数据 x 在使用过程中由于信息熵 H 的变化，产生的所有信息增益的总和 $G(Y,X)$ 给整体结果数据 Y 带来的价值。其中，函数 $MU(s,t)$ 指的是使用数据在场景（表示为 s）与时间（表示为 t）中的二维边际价值函数，它随使用客体、使用场景、使用时间等的不同而发生相应变化。$F[G(Y,X)|W(M, I)]$ 表示在对应场景条件约束下主体因素和介体因素影响的信息增益价值计算函数。M 是主体因素，I 是该场景中各介体因素组成的集合。

香农：信息论

信息是个很抽象的概念。人们常常说信息很多，或者信息较少，但却很难说清楚信息到底有多少。直到1948年，信息论之父克劳德·艾尔伍德·香农（C.E.Shannon）提出了“信息熵”的概念，才解决了对信息的量化度量问题。“信息熵”这个词是香农从热力学中借用过来的。热力学中的热熵是表示分子状态混乱程度的物理量，香农用信息熵的概念来描述信源的不确定度。

3.2.4 数据交换价值的度量

数据交换价值指数据作为数据产品在市场上进行交易时的价值，因此要考虑到数据处理的成本以及交易过程中各因素可能带来的收益影响。数据交换价值EV可表示为：

$$EV = C(x) + Y_z(x) + Y_j(x) \qquad (7)$$

其中，

$$Y_z(x) = a \times UV \qquad (8)$$

$$Y_j(x) = \sum_{i=1}^{N} b_i y_i \qquad (9)$$

公式（7）中的$C(x)$表示数据x的成本，例如数据生产成本、加工成本、传输成本、存储成本等。数据的收益一方面包含对使用主体的直接效益$Y_z(x)$，是对数据效用价值直接利用发挥的价值；另一方面也包含对使用主体之外的其他主体所产生的间接效益$Y_j(x)$，包括市场因素、供需关系、政策引导等众多因素。公式（8）中的a为效用价值认可程度。公式（9）中的y_i代表间接收益子项，b_i为间接收益子项的权重，N为间接受益子项的总数量。

3.3　数据价值实现路径

数据作为一种全新的生产要素，是这个时代最突出和最核心的价值载体，其价值可以体现在本质价值、效用价值、交换价值三个层面，三者在数据流动中相互联系又相互独立，最终形成元素、资源、要素三种不同阶段的数据价值表现形式。信息技术的广泛应用促进了数据爆炸，又因数据是人工智能等信息技术发展进步的原材料，数据分析利用的价值日益凸显。也就是说，数据的核心价值在于数据的分析利用、解决不确定性问题的价值，在于从数据中挖掘出新知，从而对客观世界进行更加全面精准的观察分析和预测，进而产生智能并改造世界的价值。

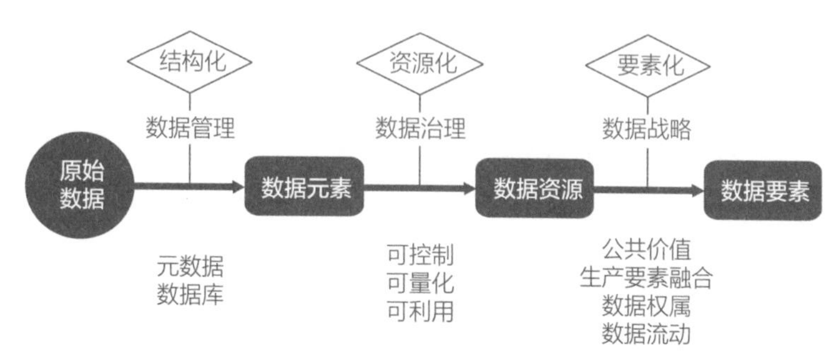

图3-1　数据价值实现的基本形式和路径

数据价值的产生是自然界向着熵增无序发展的体现之一。自然界的有序性维持了生命，并且产生了信息和作为信息载体的数据。这些原始数据的离散性和传播性具有熵增趋势，而数据价值的增加和实现需要通过数据治理等过程积累有序性，就像人类不断积累能量，增加了自身有序性，才得以区别于自然界，有了智慧的存在。如果从熵的角度看，原始数据需要进行组织、处理和加工才能具有效用价值，数据需要进行管理来实现价值，数据管理的最小单位是数据元素。

通过结构化，数据可以从离散的原始数据，序化为可管理的数据元素。数据经过加工、处理和分析，能直接或间接地参与生产活动，能用于交易或流通，从结构化达到资源化和要素化，最终实现数据的战略价值。数据只有通过要素化处理，根据不同用户需求，围绕原始数据资源进行清洗、分析、建模、可视化等操作，转化为生产要素之一，并且与土地、劳动力、资本、技术等其他生产要素融合，投入生产领域，才能真正实现其本质价值、效用价值和交换价值。

此外，数据价值实现是数据产生智能，进而在经济活动以及整个社会运行和管理中应用，从而整体提升经济效率和社会效率的过程。数据分析可以产生智能，数据共享可交换有价值的知识和智慧。互联网、大数据、人工智能和区块链等信息技术改变了获取、处理和分析数据的手段，但没有改变知识或智慧来源于数据的事实。数据价值实现仍需对数据进行更广泛的应用和流转，数据只有流动起来，才能真正地说它是一种新型的元素、资源和要素，并最终实现数据战略。

3.3.1 数据结构化

数据结构化是对原始数据进行收集、组织、存储和加工，通过编码化、序列化、元素化等手段，提取和展现数据的各种背景和属性，为数据的管理和利用提供基础。如果没有经过数据序化处理，各类人工、信息系统和机器中收集和存储的所有数据都会失去溢出意义，难以实现业务和经济价值。人们对数据进行采集、组织、存储、加工、传播和利用等一系列活动，将手工、仪器、设备等产生的文本、数字、符号、图形、图像、声音、电磁波等原始数据转化为计算机可识别的数据单元，完成原始数据向序化数据元素的转变，这个过程是数据结构化的体现。

序化的数据元素是用一组属性描述定义、标识、表示和允许值的数据单元，在一定语境下，通常用于构建一个语义正确、独立且无歧义的特定概念的数据语义单元，一般由对象、特性、表示三部分组成。对象是所要研究、收集和存储相关数据的实体；特性是用来区分、识别事物的一种手段；表示是数据元素被表达的方式的一种描述。数据元素的基本属性包括：（1）定义类属性：描述数据元素语义的属性。（2）标识类属性：描述数据元素标识的属性。（3）表示类属性：描述数据元素表示的属性，是值域、数据类型、表示方式的组合，必要时也包括计量单位、字符集等信息。（4）关系类属性：描述各数据元素之间相互关联和（或）数据元素与其模式、概念、对象、实体之间关联的属性。（5）管理类属性：描述数据元素管理与控制方面的属性。在这一阶段，数据价值表现形式体现的是对数据的组织和管理，创造的是数据的本质价值，是人们将数据转换为信息，进而形成知识或智慧的表现。数据是人类思想和社会活动的数字化、编码化、序列化、结构化的结果，是转化成信息、形成知识和智慧的基础。

元数据管理是实现数据结构化的传统路径之一。元数据是描述数据的数据，起源于图书馆管理系统，是关于数据的结构化数据。元数据可以描述数据的元素或属性（名称、大小、数据类型等）、结构（长度、字段、数据列）、相关数据（位于何处、如何联系、拥有者）。元数据是对于数据的描述，存储着关于数据的数据信息，连接了数据源、数据存储、数据应用，记录了数据从产生到消费的全过程，可以让数据更容易理解、查找、管理和使用。

元数据

“元数据”(Metadata)是描述数据的数据(data about data)，用来描述数据的内容、使用范围、质量、管理方式、数据所有者、数据来源、分类等信息。例如政务信息资源核心元数据包括信息资源名称、信息资源摘要、信息资源提供方、信息资源分类、信息资源标识符、元数据标识符等。

数据库系统成为实现数据结构化的重要载体和工具。数据库系统是应数据管理任务的需求而产生的。在应用需求的驱动下，在计算机硬件、软件发展的基础上，数据管理技术经历了人工管理、文件系统、数据库系统三个阶段，每一阶段的发展以数据存储冗余不断减小、数据独立性不断增强、数据操作更加方便和简单为标志。数据库系统是结构化数据的有组织的集合，通常由数据库管理系统(DBMS)来控制。自20世纪60年代初诞生至今，数据库已经发生了翻天覆地的变化。最初，人们使用分层数据库（树形模型，仅支持一对多关系）和网络数据库（更加灵活，支持多种关系）这样的导航数据库来存储和操作数据。20世纪80年代，关系数据库开始兴起；20世纪90年代，面向对象的数据库开始成为主流。当今最常见的数据库通常以行和列的形式将数据存储在一系列的表中，支持用户便捷地访问、管理、修改、更新、控制和组织数据。另外，大多数数据库都使用结构化查询语言(SQL)来编写和查询数据。最近，随着互联网的快速发展，为了更快速地处理非结构化数据，NoSQL数据库应运而生。现在，云数据库和自治数据库在数据收集、存储、管理和利用方面正不断取得新的突破。

自治数据库

自治数据库（self-driving database）是尝试将机器学习（ML）和数据库管理系统结合的产物，定义了典型的ML模型，从“自动决定有哪些优化的动作”“自动决定何时执行这些优化”“自动学习这些优化”等角度规范数据管理系统。自治数据库是数据库发展进程中的一次重要转型。传统数据库是先有模型，然后产生结果。而自治数据库是让业务部门直接去指挥整个系统，通过探索慢慢形成一种方式，进而形成模型。

3.3.2 数据资源化

资源是一切对人类社会有价值的东西，是创造人类社会财富的源泉。数据作为记录、反映现实世界的信息载体，是一种相对独立于物质和能量的资源，可以作为生产性资源使用，可以帮助管理者决策，可以提升国家的综合竞争力。当前，数据已经渗入各行各业，企业、组织和国家的核心竞争力将由其掌握的数据规模、数据质量，以及数据能力所决定。数据将成为时代中最为关键的资源，驱动生产力和生产关系变革。数据作为资源的价值表现形式至少可以分为：生产和业务活动所需的资源；公共和公益性的资源；国家公权力掌控的资源；难以明确归属的自然资源，类似于空气等。

数据的使用需要经过数据资源化的过程，首先要发现各种有用数据的来源，如同勘探油矿；其次要采集满足特定需求的数据，如同采油；然后要把采集到的数据按应用需求进行标准化、结构化处理，如同炼油，就像石油必须通过炼化才能成为消费者使用的汽油、柴油以及聚乙烯、聚丙烯原料；最后将加工处理后形成的数据与实际应用相结合，发挥数据的作用，提高决策的效率与准确度。

以上描述的数据使用过程也是数据资源化的过程。总的来说，数据需要在开发的基础上，通过先进的数据技术，加以提炼、加工与整合，实现资源的纯化，使其可以被调用和应用，即从静态的“原矿状态”，变为动态可用的数据资源。在这个过程中，无论是供给知识、信息，还是提供服务，本质上都日趋依赖于对数据的有效占有，以及持续深入的数据挖掘。数据可以和石油黄金等资源一样，在生产制造经营中使用，从而创造、挖掘和实现其本质价值和效用价值。若通过在数据处理和服务中进行组合与运用，数据还能从资源变为产品和资产，成为个人或企业资产的重要组成部分。

数据资源化的重要路径是数据治理。数据治理可以形成覆盖数据全生命周期的一系列政策和程序，可以将数据转变为业务资产，改进或提升组织绩效。在某种意义上，数据治理是要将数据转化为有价值的可用数据资源。数据通常必须经历一个严格的治理流程转化为有资源效用的数据。简言之，数据治理即运用技术、管理和法律实现数据价值，实现数据资源化目标。数据治理由数据标准、数据质量、合规管理、安全管理和数据共享等内容组成，基础在于形成数据标准和特定质量的数据，同时开展数据全流程合规管理和安全管理，确保安全、合法、有效地共享和利用数据资源。所以，并不是所有的数据都是资源，只有通过恰当地纯化和治理，形成可控制、可计量、可利用的数据，才能帮助管理者智能分析和决策，实现数据资源的价值。

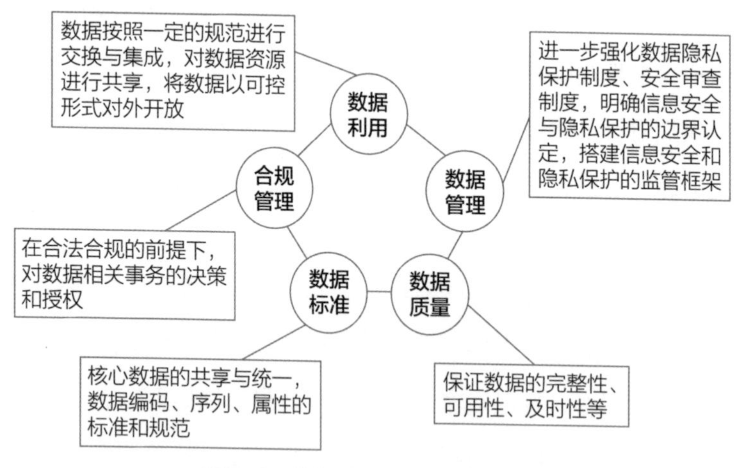

图3-2　数据治理实现数据资源化

3.3.3　数据要素化

数据具有交换价值，通过流动、共享和开放，实现其经济效益和公共价值。当前，全社会正加速迈进数据时代，生产力与生产关系发生了新的变革，数据成为最活跃的生产要素。2019年10月，党的十九届四中全会明确提出，“健全劳动、资本、土地、知识、技术、管理、数据等生产要素由市场评价贡献、按贡献决定报酬的机制”。2020年4月，《中共中央国务院关于构建更加完善的要素市场化配置体制机制的意见》明确指出“要加快培育数据要素市场，推进政府数据开放共享，提升社会数据资源价值，加强数据资源整合和安全保护”。

生产要素是进行社会生产经营活动时所需要的各种社会资源。数据要素化是将数据资源作为一种传统要素之外的新型生产要素来管理、配置和利用。数据要素化是新时代生产力和生产关系发生变革后的必然趋势，数据成为新的生产要素有利于数据资源的开发利用，有利于创造人类新的财富。数据在产业形态、经济增长以及新基建等领域已经与传统的土地、劳动和资本一样，对经济社会产生了重要影响。数据作为经济社会发展的黏合剂和催化剂，能够赋能其他生产要素，其对生产力发展所带来的影响在某种意义上将超过其他生产要素。数据要素越来越重要，且已经成为一种不可替代的社会财富，其成为生产要素之一存在历史必然性。

数据要素不同于其他生产要素的特性，主要反映在四个

方面：一是可复制重用，具有非稀缺性，能够无限复制反复使用，因而再生产边际成本低，边际效益高；二是可共享共用，具有非排他性，能够无限循环分享给不同的主体使用，能产生巨大的规模经济、范围经济和网络效应；三是具有价值不确定性和非均质性，数据通常只有使用后才知道其价值所在，并且数据对不同主体的价值效用极不相同，很难对数据要素进行统一评估定价；四是具有时效性，数据可以实时产生采集、上传共享以及分析利用，并且价值会随着时间的推移而发生改变。

数据作为生产要素，会和其他生产要素进行深度融合作用，催生以数据为核心的新经济模式，包括但不限于数据租售模式、数据产品模式、数字媒体模式、数据使能模式、数据空间运营模式和大数据技术模式，见表3-1。

表3-1　以数据为核心的新经济模式

数据商业模式	说明
数据租售模式	主要是出售或出租原始数据
数据产品模式	出售或者出租经过整合、提炼、萃取而形成的数据产品
数字媒体模式	主要是通过数字媒体运营商进行精准营销
数据使能模式	通过提供大量的数据挖掘及分析服务，协助其他行业开展因缺乏数据而难以涉足的新业务，如消费信贷、企业小额贷款业务等
数据空间运营模式	主要是出租数据存储空间和算力
大数据技术模式	针对某类大数据提供专有技术

数据要素的价值需要在流动中实现。当前，无论政府还是企业，都拥有非常丰富的数据资源，但是大部分都被封闭或闲置，而有数据需求的产业部门又无法有效获取。目前，政府数据通过共享开放的数据流动方式，初步实现了其公共价值。掌握公共数据资源的政府机构和公共部门，在充分评估数据安全等因素的前提下，有选择地向社会公众开放数据。公共数据在开放、共享、查询等数据流动的过程中实现其公共价值。数据流动链依数据生命周期的先后顺序，出现源生数据主体、衍生数据主体和数据用户三类利益相关者，在数据流动链之外还存在数据监督主体对数据开放全程进行监督。从利益内容来看，公共数据开放关联个人利益，也关联公共利益。数据流动的过程如图 3-3 所示。

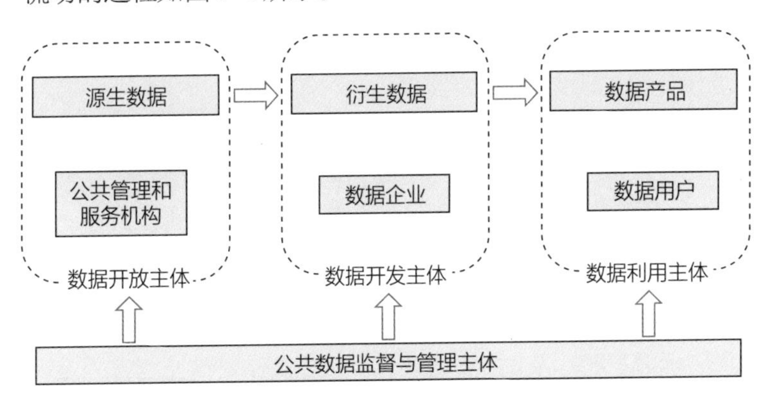

图3-3　公共数据流动的过程

以数据服务的方式给公众与企业提供公共数据查询调用服务是数据流动的基本方式，如入住酒店、办理银行业务过程中的身份信息调用与核验；电子口岸平台对船期数据、订舱数据、货物跟踪数据和报关数据等组成的航运数据查询接口的开放；政务服务平台提供办件信息的查询服务；教育部门网站上提供学历证书查询服务等。此外，医院等公共事业单位也加快了其所采集数据的流动，比如诊疗记录、CT图像、电子病历不仅供医院内部共享使用，也供患者查询与记录。

数据流通交易成为数据要素价值实现的重要途径。数据仍需进一步在供需两侧流通，横亘其间的“天堑”就是如何形成数据集和确认数据权，资源化后的数据集可控可量化，可以将其用于交易、质权贷款、挂牌上市、数据投资等，即通过数据交易与流通实现其价值并增值。数据交易中心是实现数据要素流通交易的平台，其使命是打造数据融通、交易、服务的协同生态圈，为数据供应方提供要素变现场所，为数据经营者提供数据产品开发平台，为数据需求者提供获取数据资源的途径。

数据成为要素后，数据的价值得到了突出和保护，数据流动会逐渐成为社会财富创造和公共福利的一个重要源泉，数据的公共价值也将得到更大程度的发挥，并在经济社会生活中起到重要作用，进一步成为国际竞争格局中的核心战略支撑。信息革命使得“用数据生产信息和知识”成为可能，数据时代则使人们进入了“用数据生产智能和智慧”，进而形成改造世界的新范式，而这一过程也促使数据资源转化成了可以直接推动生产力的数据要素。数据要素的价值通过一系列的交易和流通活动得以体现，最终数据作为要素实现其本质价值、效用价值和交换价值。但数据要素化还需要解决一些基础性问题，比如数据权属、数据价值评估、数据交易和流通、数据安全和隐私保护以及数据资源的会计核算等，这些方面需要相关政策法规的规范和进一步的实践探索。

3.4　数据价值活动过程

按照数据形态，将数据在数据价值路径上的流动分解为一系列不同的阶段，这些阶段相互关联和影响，数据价值最终在其价值链条上得以体现，我们称该链条为“数据价值链”。数据价值链以数据为主体并贯穿始终，不同的阶段往往体现数据的不同价值，数据价值在业务应用中不断涌现，往往不仅体现某一种单一价值，而是本质价值、效用价值和交换价值的综合表现。数据价值链可将数据价值创造活动分为基础性价值活动和增值性价值活动，通过这些价值活动，实现数据的价值创造以及数据传递过程中的价值增值。数据价值链理论与传统价值链理论不同，强调通过对价值链各节点上数据的采集、传输、存储、分析以及应用，该过程中，新数据不断从原数据中衍生出来，并作为新的源数据进入数据链继续流动，发挥数据作用，实现数据的整体增值。

数据价值链具有新价值载体、新传递机制和新配置范围三个重要特征。新价值载体是指数据流成为与资金流、物资流与人才流同等重要的价值载体。新传递机制是指从价值传递形式看，链式结构被拓展成网状结构，形成价值网络。新配置范围是指由于数据的泛边界性，使其突破原有特定组织和地域的限制，在更加广阔的范围内调动资源，让实现优化配置成为可能。

3.4.1 数据原始态积累

数据在流动中实现价值，但在数据进入价值链之前，首先需要经过数据原始态积累过程。原始态数据即数据本身具有的固有属性，例如数据的类型、数量、完整性、格式、编码方式、来源、采集方式、数据范围、增长速度、生命周期、访问频率、独立性、单位流量等，这些属性根据不同的数据各不相同。原始态数据，是数据价值链的初始输入数据，是数据价值在链上准确定量分析的基础。

经过数据价值实现路径，原始态数据属性不断被激发并发生变化，数据价值也发生相应变化。每项属性的变化具有连续性、准确性、局限性、波动性和周期性等特点，而数据价值的整体变化却呈现非稀缺性、非排他性、不确定性和时效性。数据价值链将数据价值的表示提升到更高的维度。

3.4.2 数据价值链化过程

原始态数据通过对象、特性和表示的结构化封装形成元素化数据。元素化数据在业务场景中得到应用，并实现数据效用价值。数据由静态变成动态变化且可流动的形式，完成数据资源化过程。资源化数据不断地交易、使用、衍生，数据量逐渐增加，带来数据的统筹管理、配置和利用，最终完成数据的要素化。

如图 3-4 所示，以数据的原始形态为基础，数据本质价值和效用价值实现到交换价值的充分转化。以数据价值的两次作用为表现形式，数据价值在业务应用中得以充分体现。衍生数据作为数据价值构成的一部分，参与数据价值评估，体现信息增益。衍生数据不断产生，又作为新数据投入到业务应用中，数据价值链对数据价值的体现在该过程中循环往复、螺旋上升。

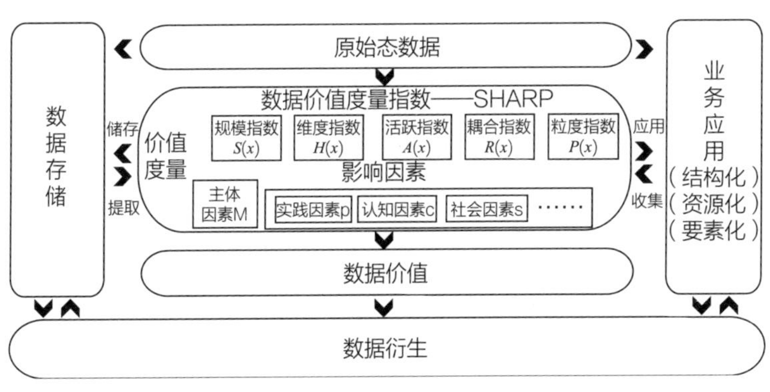

图 3-4　数据价值链化过程

3.4.3　数据价值链上的价值体现

数据价值集中体现在数据的业务应用链路中，数据源输入到应用链路中，通过数据处理产生数据产品，最终依附具体场景实现数据服务，进而体现数据价值带来的效能。

数据价值链的成链形式从数据原始态开始，将数据的固有属性因使用和交易而产生的价值表示成数据价值对应的具体价值形态。此时，数据价值形态与应用场景结合实现数据服务。目前，数据应用场景主要体现在数据市场、数据分析和对业务场景赋能等方面，如图3-5所示，阐述了数据价值实现的数据价值链一般结构。

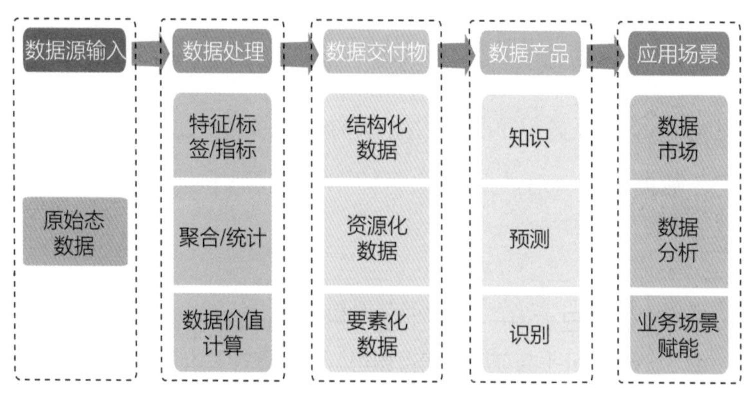

图3-5　数据价值链结构的一般表示

总的来说，数据价值链与传统价值链相比已经超出了经济学范畴。数据通过流动深入到各行各业当中，引导着业务流程的走向，参与计算和决策。数据价值正是在数据的不断流动和使用中实现的。数据价值链揭示了数据价值的起源，说明了数据的流动和转化，体现了数据价值实现过程和最终形态，诠释了人们追求数据价值的意义。

CHAPTER 4

第4章 数据要素市场构建

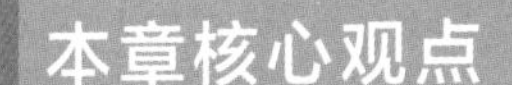

- 数据已成为一种新的生产资料，但数据确权面临立法、技术、公平与效率等诸多困境，与信息社会发展相适应的数据所有权制度尚未建立。

- 数据共有制设想是在中国特色社会主义基本经济制度条件下，围绕数据所有制和数据确权，提出的数据作为生产要素归数据相关方共同所有、按贡献参与分配的制度构想。

- 建立数据产权制度是数据时代经济社会发展演变的必然要求，数据共有制设想是适应数据生产力发展要求的有益探索。

- 建立数据共有制有利于解决数据确权问题，保障个人与组织的数据权利；有利于规范数据交易，构建健康有序的数据要素市场；有利于促进生产力与经济社会发展，维护国家数据安全与数据主权。

随着我国数字经济与数字产业的发展壮大，数据要素市场构建与数据要素资源优化配置已成为重要议题。数据作为数据要素市场的核心资源，其潜在价值能否充分发挥，需要从数据市场中关键的交易环节出发，分析数据要素市场面临的挑战，破解数据交易发展困境，解决其中的核心难题——数据确权。然而，数据确权同样面临现实困境，为理顺数据所承载的各种权利，明晰数据财产权界定，鼓励、规范数据交易，本书提出了建立数据共有制的设想，并尝试以此破除数据要素市场发展的阻碍，平衡多方主体利益，促进数据有序流动，充分释放数据经济价值与社会价值，推动生产力的发展。

4.1 数据交易

在数字经济迅速发展的背景下，数据交易市场的建立和蓬勃发展有利于从根本上解决数据商品供需不匹配的问题，从而通过市场机制的高效率，畅通数据的交易与流通，最大限度地发挥数据的价值。数据交易可以促进高价值数据的汇聚连接和开放共享，最大限度激活数据价值，对于推进数字产业创新和数字经济发展具有深远意义。数据交易在某种程度上会倒逼相关部门进行数据确权相关规则体系的完善，从而形成数据交易的正向循环。

4.1.1 数据交易制度

1.数据交易法治环境

2020年4月，中共中央、国务院发布的《关于构建更加完善的要素市场化配置体制机制的意见》，进一步强调数据要素的重要地位，将数据与土地、劳动力、资本、技术并列为五大生产要素，提出要从推动政府数据开放共享、加强数据资源整合和安全保护、提升社会数据资源价值等方面培育数据要素市场。我国成为第一个明确将数据作为独立生产要素纳入国家发展战略的国家。伴随我国数据要素市场的逐步发展，数据交易和流通逐渐成为各社会主体重要的经济活动，而对数据交易的规范，则是正常数据交易活动的前提，也是完善数据要素市场发展准入门槛的必由之举。

目前，《民法典》《数据安全法》等法律承认了数据权利，围绕数据处理作出了一系列规定，为有关数据交易的立法做好了前期准备。《数据安全法》对于数据处理方式的划分与《民法典》中对于个人信息数据处理方式的划分相同。由此，将数据处理行为进一步划分为：收集、存储、使用、加工、传输、提供、公开等。对数据处理行为进行细分既有助于数据交易各方更具体地理解数据交易目的，也有助于为交易各方自主确定交易内容提供清晰范式的参考依据；更为重要的是，对不同类型的数据提出不同的处理要求，是《数据安全法》视野下数据分类分级管理和数据安全保护的必然要求。如在数据交易中，根据不同的供需特点，数据供方或者需方都可能需要对交易后彼此处理交易数据的方式进行一定的限制。数据需方可能会出于保护商业竞争优势的角度，要求供方按照自身需求收集、加工并交付数据后即对数据进行销毁，从而供方不得再存储、使用、加工、传输有关数据；或者即便允许供方进行存储和加工，但会要求其不得就数据再向其他方传输，即限制其传输行为。

2.数据交易地方政策

为了促进数据交易与数据要素市场的发展，不少地方已经制定了数据交易相关的政策文件与规范性文件。

《贵州省大数据发展应用促进条例》。该条例于2016年1月15日通过，系国内首次在地方立法中规定数据交易规则。该条例规定了“数据交易应当订立合同”“鼓励和引导数据交易当事人在数据交易服务机构进行数据交易”这两项原则，但并未进一步制定相关细化文件。

《天津市促进大数据发展应用条例》。该条例于2018年12月14日通过，规定了鼓励数据交易当事人在数据交易服务机构进行数据交易，并未规定相关细则。

《天津市数据交易管理暂行办法（征求意见稿）》。该暂行办法于2020年7月30日公布，系国内首部地方公布的专门针对数据交易的政府文件，对数据交易主体需满足的条件、可交易的数据类型、如何确保数据交易安全进行了规定。该办法提出：交易主体（包括数据供方、数据需方和数据交易服务机构三方）需一年内无重大数据类违法违规记录。此外，数据供方和数据需方应在数据交易服务机构注册并经审核通过（即会员制）才可进行数据交易；涉及个人隐私的数据不得交易。同时，数据供方应向数据交易服务机构提供拥有交易数据完整相关权益的承诺声明及交易数据采集渠道、个人信息保护政策、用户授权等证明材料，确保交易数据的真实性，并对交易数据进行安全风险评估和出具评估报告；交易服务机构应提供匿名、加密等机制和措施。数据交易服务机构未经授权不得擅自使用数据供需双方的数据或数据衍生品，应为数据供需双方提供匿名、泛化、随机、加密等脱敏机制与措施，保护重要数据和个人敏感信息。较为遗憾的是，该暂行办法并未对法律责任进行规定，仅笼统规定按照有关法律法规的规定处罚。

《浙江省数字经济促进条例》。该条例于 2020 年 12 月 24 日通过。相比于其他省市，浙江省的数字经济条例并没有对建立数据交易平台进行规定，仅规定“县级以上人民政府及其科技等部门应当培育和发展数字产业技术交易市场”；此外，该条例还规定“省人民政府及其有关部门应当组织建设网络交易监测平台”。可以说，浙江省对于数据交易更多的是持监管态度。

《安徽省大数据发展应用条例》。该条例于 2021 年 3 月 26 日通过。从内容上来说，该条例对如何落实数据交易规则及鼓励数据交易当事人进行数据交易作出了一些原则性规定。例如，第39条规定：“大数据交易服务机构应当建立安全可信、管理可控、全程可追溯的数据交易环境，制定数据交易、信息披露、自律管理等规则，依法保护个人信息、隐私和商业秘密。鼓励和引导数据交易当事人在依法设立的大数据交易服务机构进行数据交易。”

《福建省大数据发展促进条例（草案）》。该条例草案于2021年5月26日提交省人大常委会会议一审。该条例草案明确将公共数据开放分为普遍开放和授权开放两种类型，并分别规定其获取方式；对开放的数据进行风险评估，规定公共数据实行分级开发模式，建立健全资源使用的监管制度；培育数据交易市场，鼓励和支持数据交易活动，促进数据资源有效流动。

《深圳经济特区数据条例》。该条例于2021年6月29日通过。该条例对数据交易作出突破性尝试。该条例提出：一是明确规定数据交易主体可以自行进行交易。该法第65条明确规定，市场主体可以通过依法设立的数据交易平台进行数据交易，也可以由交易双方依法自行交易。二是明确规定禁止交易的数据类型。该法第67条明确规定，除未依法获得授权的个人数据、未经依法开放的公共数据、法律法规规定禁止交易的数据外，均可以自由交易。三是在国内地方立法中首次确立数据公平竞争有关制度。针对数据要素市场“搭便车”“不劳而获”“大数据杀熟”等竞争乱象作出专门规定。例如，针对数据要素市场“大数据杀熟”等竞争乱象，明确规定处罚上限设为5000万元。

《广东省数据要素市场化配置改革行动方案》。该行动方案于2021年7月5日印发。作为全国首份数据要素市场化配置改革文件，该行动方案提出“构建两级数据要素市场”目标，以及首席数据官、公共数据资产凭证、统计核算试点、“数据海关”、数据经纪人等制度性创新举措。该行动方案围绕数据集聚、运营和交易等环节，推动数据新型基础设施、数据运营机构、数据交易场所三大枢纽建设，打通供需渠道，保障数据要素生产、分配、流通、消费各环节循环畅通。

《山东省大数据发展促进条例》。该条例于2021年9月30日通过。从内容上来看，该条例对可交易的数据类型、数据交易规则等进行了概括规定，例如数据交易平台应当制定数据交易、信息披露、自律监管等规则，采取有效措施保护个人隐私、商业秘密和重要数据。此外，基于合法获取的数据资源开发的数据产品和服务可以交易，其财产权益依法受到保护。

《上海市数据条例（草案）》。该条例草案于2021年9月30日公布。在数据要素市场部分对数据交易相关问题作出了一系列原则性的规定，明确了上海市支持数据交易服务机构有序发展，提出了对数据交易服务机构的要求，区分了可交易的合法数据与例外情形，确定了自主定价的数据交易定价原则，并提出上海市相关主管部门应当组织相关行业协会等制订数据交易价格评估导则，构建交易价格评估指标。

4.1.2 数据交易中介

数据中介是数据交易的重要促成渠道与撮合平台，是面向应用的数据交易市场的重要组成部分，涵盖了价值链各环节的市场主体所进行的数据交易，能够有效促进数据资源流通，探索数据资源交易机制和定价机制的建立。我国《民法典》第961条规定的“中介人”，指的就是“从事数据交易中介服务的机构，仅在数据交易过程中从事数据发现、供需撮合、计价清算等业务”。为确保数据的来源及用途的合法性，“中介人”应当按照《数据安全法》第33条的规定要求数据提供方说明数据来源，审核交易双方的身份，并留存审核、交易记录。若数据交易中介机构同时提供数据清洗、数据加工整合、数据分析等综合服务，则同样属于处理数据的当事人，应当受到我国数据安全治理体系内法律法规的规制。随着大数据技术的蓬勃发展，数据本身所蕴含的价值被进一步发掘出来，在各个领域的应用愈加广泛，有关数据的交互、整合、交换、交易也愈加频繁。在我国《促进大数据发展行动纲要》《关于构建更加完善的要素市场化配置体制机制的意见》《“十四五”大数据产业发展规划》等国家政策文件的指导下，数据交易创新实践得到了一定的发展，涌现出一大批各具特色的数据交易中介平台，涵盖了政府、医疗、金融、企业、电商、能源、交通、商品、消费、教育、社交、社会等领域的数据产品。

《数据安全法》有关数据交易的规定

《数据安全法》第 19 条规定："国家建立健全数据交易管理制度，规范数据交易行为，培育数据交易市场"，这是我国首次从立法上提出了"数据交易"，但还未对数据交易相关制度、规则进行明确立法。另外，第 33 条、第 47 条分别对数据交易中介服务机构的义务与责任作出了规定。

目前，各地数据交易实践中主要是通过第三方数据交易平台向需方提供各类行业数据、产业数据等，并提供定制化服务，数据交易平台作为数据中介的主要形式，畅通了数据的交易和流通渠道，削减了信息孤岛现象，使得数据的价值能够得

信息孤岛

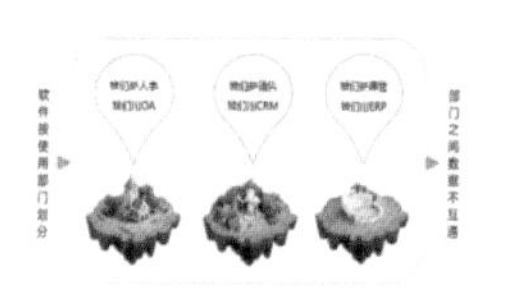

信息孤岛是指信息系统之间彼此相对独立、相互封闭、功能不关联、信息不共享，无法互联互通，如同一个个孤立的岛屿。信息孤岛的类型有很多，不仅政府部门间、层级间、地域间存在信息孤岛，企业内、企业间也存在信息孤岛。例如，在电子政务领域，各级政府、各部门在不同时期分散建立的信息系统形成了诸多信息孤岛，严重阻碍了信息资源整合共享。

到较大程度的发挥，在促进数据资源流通、实现数据商业化利用方面发挥了不可替代的基础性作用。目前，我国数据交易平台大致分为政府主导和企业主导两类。

1.政府主导数据交易平台

政府主导数据交易平台是最早加入数据交易市场的主体，通常模式为政府主导布局，具备技术资质的科技企业提出相应的解决方案、负责运营维护平台，并坚持“国有控股、政府指导、企业参与、市场运营”的原则。政府主导的数据交易平台如表4-1所示，此类数据交易平台在一定程度上由政府信用作背书，因此具有较高的权威性和认可度。

但在数据管理方面，目前国家层面尚未设立专门的数据管理部门，数据管理工作由网信办、工信部、公安部和市场监督管理总局等部门主导，各行业主管部门在其行政职权范围内分别治理。在此背景下，各地区、各部门的大数据交易平台多

表4-1 政府主导数据交易平台

业务模式	名称	数据来源	服务定位
提供第三方平台，撮合数据交易	北京国际大数据交易所	政府、第三方	数据交易基础设施和国际重要的数据跨境流通枢纽，培育数据来源合规审查、数据资产定价、争议仲裁等中介机构，数据金融服务
	山西数据交易平台	政府、第三方	为AI企业和AI数据服务商提供优质的数据服务交易和数据应用服务
	贵阳大数据交易所	政府和国有企业	确权、质量规范、资格认证

续　表

业务模式	名称	数据来源	服务定位
政府数据开放、数据资产代运营、供应售卖数据及产品	上海数据交易中心	政府、第三方	交易机构＋创新基地＋产业基金＋发展联盟＋研究中心，制定标准和资质，提供数据质量的验证和数据安全的保障
	优易数据网	政府数据、行业数据和地方数据	以数据汇集、交易、数据创新和增值服务为主营业务的平台型科技公司，数据质量评价、数据清洗加工
	武汉东湖大数据交易中心	政府	技术支持，包括数据交易与流通、数据分析、数据应用和数据产品开发
	钱塘大数据交易中心	政府、行业、众包及互联网	技术支持，采集与预处理、存储管理、数据分析挖掘、数据脱敏和数据可视化
	青岛大数据交易中心	政府、互联网	数据及其产品服务的供应商
	数据宝	部委等国有数据	“审核员、服务员、监督员”，“三真”准入审核监控系统，验证真实的企业、真实的应用场景、真实的用户授权，确保国有数据产品的合法合规使用

说明：建设中、已注销、下线的大数据交易中心不进行统计，企业主导的数据交易中心较多，选取各类型具有代表性的大型企业。2014—2017年间，国内数据交易机构遍地开花，先后成立了约25家大数据交易所（中心、平台、公司），其中6家已注销；2018年成立了2家民营数据交易机构；2019年未新增；2020年开始大量筹建。表4-2同。

数是自立规则、自成体系，导致数据市场整体缺少可持续性；技术标准不统一、数据质量不一致、数据格式不兼容、数据安全无法得到有效保障。

2. 企业主导数据交易平台

企业主导数据交易平台通常是以自有数据为主的数据服务商和大型互联网公司建立的交易平台，如表4-2所示。此类平台在数据加工、分析等服务方面相对较强，并且在供需的探究、交易模式的便捷性以及第三方服务商所提供功能的多样性上表现较为出色。企业主导平台的合规性风险较高，营收有

表4-2　企业主导数据交易平台

<table>
<tr><th>业务模式</th><th>名称</th><th>数据来源</th><th>服务定位</th></tr>
<tr><td rowspan="3">“采产销”一体化运营</td><td>龙猫数据</td><td>众包、自采</td><td>AI数据服务公司</td></tr>
<tr><td>数据堂</td><td>网络爬虫、众包、第三方</td><td>AI数据服务，提供训练数据集</td></tr>
<tr><td>大海洋数据服务平台</td><td>由数据抓取团队采集处理</td><td>大数据服务提供商</td></tr>
<tr><td rowspan="2">“采产销”一体化运营+撮合数据交易</td><td>天元数据网</td><td>自有数据、政府公开数据以及联盟伙伴数据</td><td>为数据供应和需求方提供在线信息交流平台</td></tr>
<tr><td>京东万象</td><td>自营数据及第三方数据</td><td>保证数据的安全性与接入效率，提供企业与企业之间数据互联服务，提供一系列的交易流程和管理流程</td></tr>
<tr><td rowspan="3">提供第三方平台，撮合数据交易</td><td>发源地</td><td>众包UGC模式采集/接入数据源</td><td>清洗、过滤、脱敏处理</td></tr>
<tr><td>阿里云数据市场</td><td>第三方数据及政府开放数据</td><td>担保交易</td></tr>
<tr><td>百度APIStore</td><td>第三方</td><td>入驻、咨询、交易、结算、售后、运营、培训等一套多环节的标准化流程</td></tr>
</table>

限，市值规模较小。

4.1.3　数据交易面临的挑战

在政策立法的推动和支撑下，各地各部门积极探索实践，纷纷涌现鼓励数据交易的创新举措，我国数据要素市场得到了一定的发展，但受各方面因素影响，仍然面临一些难题与困境。

1. 数据权属界定尚未明确

一般的实物生产要素的产权是明晰的，受到明确的法律条款的保护，在司法实践中有大量经验可以借鉴。而数据这种生产要素却不同，数据确权仍是法律界的一大难题。在无法明确数据所有权归属的情况下，数据由收集平台占有并在市场上公开售卖，确有侵权之嫌，而赋予权利主体以绝对的数据控制权可能会影响数据的利用，进而影响数据价值实现。

同时，数据权属不清，也导致了政府数据未能充分发挥价值。我国政府数据的规模和价值总量较为可观。由于数据权属的问题，政府数据作为一种公共资源，是不能用来交易以获取利润的，且政府数据中往往包含大量个人信息，直接开放或利用会带来隐私泄露等一系列安全问题。

2. 数据资产价值评估困难

数据资产价值评估是实现数据交易的基础，畅通数据交易迫切需要将数据转化为有价的无形资产。数据资产与批量化生产的同质商品不同，每一份数据都是独一无二的，因此很难统一定价。在数字交易中，参照普通商品流转、知识产权转让、基于收益的定价模式在市场上均存在。且同一份数据在不同的买家手里往往会创造出不同的价值，这也给数据产品的定价带来一定的困难。倘若采取竞价拍卖的方式出售数据，反而会阻塞数据的供给端，不利于数据市场的繁荣发展。

3.数据交易相关机制与规则较为匮乏

传统的生产要素交易市场已经较为成熟，涉及的领域较为广泛，已经形成了成熟的交易体系。而数据交易平台作为一种新兴事物，成长模式相对来说还比较“粗放”，并没有成熟的交易体系，在发展定位上、功能定位上界限不清，形成了多个分割的交易市场，导致数据交易市场之间缺乏流动性，呈现交易规模小、交易价格无序、交易频次低等特点。多源数据汇集、非结构化处理、数据清洗、数据建模等技术和工具都有待进一步提升。目前国家层面的数据交易法律法规和行业标准尚未推出，且在政府层面尚未有专门的监管职能部门对其进行监管。

数据交易市场场内交易规模小，场外交易乱象丛生。目前，我国数据交易平台尚不是有效市场，市场规模较小，大多数数据交易平台年交易量极小，大量交易平台处于半停止运行状态。此外，部分交易平台为谋取利益，将收集到的数据与企业在交易市场外进行交易；部分黑客通过盗取大量数据进行不法交易，这不仅造成了数据的泄露，还造成了不正当竞争行为。

4. 数据安全未能得到有效保障

数据安全是数据交易的前提条件，近年来，数据安全问题频繁出现，这不仅侵害了消费者的合法权益，还威胁着国家安全。数据在采集、存储、使用和交换的过程中都面临着各种各样的安全问题，许多政府部门和企业出于数据安全考虑，拒绝开放共享已有数据，导致数据不能很好地在市场中流通，潜在价值不能完全发挥。我国数据信息安全的保护和监管体系尚不健全，数据交易违法行为时有发生。

5. 数据垄断阻碍数据交易公平

平台经济领域的行为更多是数据行为，或者说最后都可以解释为数据行为，平台企业的垄断具有资本垄断与数据垄断交织并存的新特征。数据的垄断是指基础数据的占有和使用形成的垄断。少数大型企业对重要数据的垄断导致中小企业的发展受到挤压、个人用户的权益受到侵害。大型平台利用其高用户黏性，在为用户提供服务时过度收集个人信息，由于市场无法对该平台形成竞争压力，因此用户不得不统一接受其服务条款。这些条款不但不能很好地保护用户权益，反而成为平台逃避责任的保护伞。在数据市场中，谁拥有的数据量大、掌握的重要数据多，谁能创造的经济效益就越高。因此，很多大型企业为避免市场中其他企业的竞争和威胁，拒绝开放共享已有数据或采取措施垄断数据。数据垄断、壁垒的存在导致市域治理、经济发展和民生服务等领域很难拿到所需数据，使某些数据成为数据市场上的稀有资源，这不仅影响数据的定价与交易，也影响着数据市场的公平与发展。

4.2 数据确权

数据被誉为“互联网行业的石油”，在当今的经济活动中扮演着主要生产要素的角色。同第二次工业革命时期的石油、煤炭、矿藏等生产要素的确权一样，数据时代，数据所有权、使用权、收益权等财产权的归属、数据人格权的保障、数据管理权的行使、数据主权的保护等问题同样需要明确。

4.2.1 数据确权需求

1.数据确权的内容

随着数据的产生、收集、应用等行为不断的发生，人们对数据越来越熟悉，数据在不同主体、不同领域之间涉及了不同的利益，与数据相关的权利有很多，那么数据确权究竟是要确定什么权利？这是解决数据确权问题的基础。目前关于数据权利问题的研究，主要是从四个角度进行的。

一是数据的主权问题。《网络安全法》中提出网络空间主权原则，《数据安全法》首次以立法的形式将数据安全提升至国家安全高度，两者一并构成《国家安全法》框架下的重要组成。从国家层面来看，数据权属首先涉及的是一国数据主权问题，数据主权是国家主权在数字空间中的自然延伸和表现，是国家主权的重要组成部分，是指国家对其政权管辖领域内对数据的建设、运营、维护和使用等享有的管辖权、独立权、自卫权和自主决定权等。数据主权的问题得到国际社会越来越多的关注和重视。

二是从公共管理的角度研究政府对数据的管理权。基于公法保障公民的数据权利，维护数据市场发展秩序，约束政府自身数据行为，包括对特殊数据资源的许可授权、对数据要素市场的监管、对数据处理行为的规范、对违法行为的处罚等，也包括对国家机关数据的管理。

三是从物权角度研究数据的财产权（简称数据产权）问题。以数据的战略资源、生产要素属性为基础，研究数据由谁产生、为谁所有以及使用边界的问题，内容上涵盖了数据的所有权、用益物权、抵押权等自物权和他物权。其中最为重要的内容就是数据的所有权问题，包括了数据的占有权、使用权、收益权、处分权等，并由此派生出有关数据所有权的权利束。

四是从人格权角度去看数据的权利保护问题。这里主要涉及的是与个人信息有关的数据。个人信息主体对其个人数据不仅仅享有财产权，同时也享有人格权。有关个人信息的数据在性质上应当属于人格权保护的范畴，其应当是人格权的客体，主要涉及个人信息权益、隐私权、人格尊严保护问题。

由此可见，与数据相关的权利内容较多且复杂，所以在不同语境下数据确权的对象不同，数据确权的含义也就不同，但要确定的内容一般都涵盖了权利归属（简称权属）、权利行使、权利救济等方面。广义上的数据确权可以认为是对一切与数据相关权利的确定。狭义上的数据确权，则是从物权角度出发的，其要解决的核心问题就是数据产权的确定。

2.数据确权的需求

数据作为一种战略资源，其能够被有序开发利用的基础就是权利归属的界定，这也是数据确权过程中要解决的关键问题。数据确权的实现需要符合经济与法律考量，从理论基础层面看，数据确权具有可行性、必要性；而从实践层面看，数据交易与数据要素市场构建正处于探索的阶段，涉及的利益主体较多，各方利益平衡较复杂，数据确权是亟待解决的基础问题。

从经济学角度来看，经济学家哈罗德·德姆塞茨在《论产权理论》一书中提到，产权的产生，本质上还是一个成本收益权衡的过程，只有通过界定产权，当外部性内部化的收益大于从事这一行为的成本时，产权才会产生。数据产权的产生和确定，同样遵循这一原则，即当数据确权的收益大于数据确权的成本时，数据确权才会发生。数据确权的收益涉及国民生活的方方面面，包括但不限于公民隐私权的保护、社会财富的公平合理分配、数据时代法制体系的进一步完善、经济效益的提高、对不必要竞争的遏制等。数据确权的成本则主要限定在规则制定时各方利益版图交错带来的摩擦成本，并不会给数据时代的社会进步带来负面影响。因此可以认为，从整个国民经济体系的视角来看，数据确权的收益大于数据确权的成本，数据确权从某种意义上来说可以被认为是一种帕累托改进，其经济学基础是十分牢固的。

帕累托改进：使“无人受害”成为可能？

帕累托改进又称帕累托优化，是以意大利经济学家维弗雷多·帕累托（Vilfredo Pareto）命名的。他在关于经济效率和收入分配的研究中使用了这个概念。帕累托改进是为了达到“帕累托最优”的效果，这一效果是效率的“理想王国”，即在没有使任何人境况变坏的前提下，使得至少一个人变得更好。

从法律角度来看，数据确权的主要法理依据是数据所承载的财产权利益、人格权利益与公共利益，这些受法律保护的利益正是数据价值体现与价值实现的基础。数据时代，数据作为主体以及主体之间属性关系的表征，蕴含着大量信息，这些信息经过加工处理，可以为生产、学习、生活提供有价值的分析、支撑和服务。例如机器学习中用到大量的脱敏数据，可以很好地在模式识别、风险预测等领域发挥价值。同时数据中蕴含的个人信息，如姓名、性别、民族、宗教信仰、联系方式、家庭住址、生活习惯、兴趣爱好、出行轨迹等与人身权利直接相关，利用这些数据可以准确识别信息主体，分析个人画像，提高信息推送与产品服务的精准性。有关个人信息的数据涉及个人隐私与人格尊严，不当的使用、处理容易对个人造成人格权的侵犯。缺乏法律的保护，无法形成安全、健康、有序的良性发展环境，必然会影响数据经济价值与公共价值的实现，给数据时代的发展带来阻碍。通过立法实现数据确权，发挥法律的规范、指引、预防等作用，能够合理分配数据带来的利益，解决数据纷争，为数据发展提供制度保障。

当前我国数据确权的法律制度顶层设计并不完整，在实践中一般以数据平台与用户之间的协议作为补充，但在现实生活中通常是用户因看不懂各类许可、声明和知情同意条例，而直接勾选同意选项，这无异于主动放弃了个人的权利。但是数据确权涉及的方面和内容都较多，需要综合相关各方的利益和立场，包括政府监管部门、个人、数据收集平台、数据使用公司、数据交易平台等，制定一部符合市场规律、法理逻辑的交易规则并非易事。

4.2.2 数据确权实践

1.国家立法的进展情况

数据确权是我国数字社会发展衍生出的新概念，对数据确权已有一些探索和尝试。《民法典》第114条第2款指出，物权是权利人依法对特定物享有直接支配和排他的权利，包括所有权、用益物权和担保物权，物权固有的排他属性表明只有拥有物权的唯一个体有权利利用行使占有物的相关属性，值得注意的是，拥有物权的主体可以是国家、集体或者个体。在《民法典》框架下，仅仅是宣示性地肯定了法律保护数据，并未明确有关数据权利的内容，更是缺少对数据财产权的界定。

《民法典》首次明确将数据纳入民法保护范围

《民法典》第127条规定："法律对数据、网络虚拟财产的保护有规定的，依照其规定"，这是我国首次明确将数据纳入民法保护范围，并采取了开放式的立法，为数据权属的确定留下立法空间。

《数据安全法》第7条规定："国家保护个人、组织与数据有关的权益。"这是我国首次提出法律保护"与数据有关的权益"，对明确数据交易的法律逻辑起点具有重要意义。此外，《数据安全法》在沿用了《民法典》中处理概念界定的基础上，规定了数据处理的概念边界。《数据安全法》第3条规定："数据处理，包括数据的收集、存储、适用、加工、传输、提供、公开等"；第8条继续规定"开展数据处理活动，应当遵守法律法规，尊重社会公德和伦理……"；除此之外，《数据安全法》在第27条、28条、29条、30条等，从不同角度对数据处理活动进行了全方位的规制。因而可以看出，《数据安全法》以规范数据处理活动为出发点和落脚点，奠定了数据确权与数据交易合法、合理、合规的基础。

2.地方数字经济飞速发展的迫切需要

地方数字经济飞速发展与地方政府缺少立法权限之间的矛盾，成为限制数据确权相关创新的重要阻碍。在《深圳经济特区数据条例》一审稿（以下简称“一审稿”）中规定：数据权是权利人依法对特定数据的自主决定、控制、处理、收益、利益损害受偿的权利，自然人、法人和非法人组织依据法律、法规和本条例的规定享有数据权，任何组织或者个人不得侵犯。此外，数据要素市场主体对其合法收集的数据和自身生成的数据享有数据权，任何组织或者个人不得侵犯。一审稿明确给出了数据权的概念以及数据权的所属，反映了地方政府在数字经济飞速发展的背景下，对于解决限制数字经济繁荣的障碍的强烈愿望，令业界为之一振。

但是有学者认为，深圳作为地方政府，尚不具备界定“数据权”这一民事基本权利的权限，也无法对数据权归属做出合理裁定。且一审稿中的规定有失偏颇，比如自然人有权在同意处理者收集数据的情况下，拒绝处理者处理其相关数据，不利于数据交易的畅通。因此，《深圳经济特区数据条例》（征求意见稿）（以下简称“二审稿”）认为，目前公众对数据权属问题的认识还不统一，难以在法规中旗帜鲜明地创设“数据权”这一新的权利类型，因此删去了个人享有数据权等相关内容。

3.数据产权制度的实践探索

仅靠数据的财产性权益和人格权益难以支持数据市场繁荣发展。数据时代，数据作为主体以及主体之间属性关系的表征，蕴含着大量信息，这些信息经过加工处理，可以反过来为生产、学习、生活提供指导。例如，机器学习中用到的大量脱敏数据，可以很好地在模式识别、风险预测等领域发挥价值。数据本身具有价值，它的财产权属性则是其价值在法律上的表现。而人们在工作、学习、生活、娱乐等过程中产生的个人数据或多或少涉及到个人的隐私，因此具有人格权属性，在我国司法实践中受到法律保护。

当前有关数据权益的司法实践主要是依托数据的财产性权益和人格权益进行的，事实上避开了数据权的归属问题。《上海市数据条例（草案）》明确，市场主体在不违反法律、行政法规禁止性规定以及与被收集人约定的情况下，对自身产生和依法收集的数据，以及开发形成的数据产品和服务，有权进行管理、收益和转让，解决权益不清带来的数据流通不畅、利用不足的问题。在不触碰数据权属的前提下，确认各方主体可以对数据行使哪些权利，这在某种程度上仅仅是解决数据市场流通不畅的权宜之计，并非推动市场繁荣的长久之举。数据产权制度的缺位将导致数据资源配置效率低下、数据资源收益分配不公等一系列问题，这些问题会随着数字经济的蓬勃发展而愈加突出。

4.2.3　数据确权困境

1. 数据确权的立法困境

数据相当于农业社会的土地、工业社会的资本，是重要的生产要素，明晰产权是建立数据流通规则和秩序的前提条件。有关数据的权利没有被相关法律充分地认同和明确地界定，导致在保护个人数据的基础上，如何合理使用数据还需要进一步规范，在哪些数据可以使用，使用的方式、范围等方面，社会上并没有形成共识和通行的规则。数据应该属于谁？是数据的来源方、社交行为者、生产行为者、交易行为者，还是数据的平台方。数据获得的权益应该归于谁？是数据的归集者、算法的提供者、数据的整理者，还是发布者？这些都是需要通过立法来解决的问题。

交易过程一定伴随着部分或全部所有权的转移，物品交易后随着物品本身的转移，原所有者将失去对物品的控制。数据交易不同于物品交换，由于其可以无限复制，且复制成本极低等，使数据原所有者可以重复进行数据交易，而且在交易链条上的每个成员都可以通过复制、处理进行再交易。所以，数据交易的所有权转移，需要明确的规定，如使用范围和使用次数等。

2.数据确权的技术困境

数据本身的属性给数据确权带来困难。数据本身具有很多异于一般商品的特质。例如数据可以无限复制，数据的传播花费的时间和空间成本也较低。数据经复制和传播后其蕴含的信息并未发生实质改变，因此数据可能面临多人占有的情况，给数据权属的确定带来了一些困难。

当前并不具备彻底解决数据确权问题的技术手段。数字水印技术仅能确定数据在流转过程中的流水记录，并不能作为数据权属的凭证，反而有可能干扰归属权的确定。此外，区块链技术则为了实现数据可追溯而牺牲了数据的私密性，导致其并不能在数据确权领域得到很好的应用。从现有技术手段来看，并不具备既能实现数据产权可追溯，又能保障数据私密性的现实技术。

实践中，利用技术手段在审核数据主体与数据来源合法性、进行数据权利登记认证、保证数据安全交付等方面已有一些探索，但在数据确权问题上并未发挥实质性作用。数据本身具有一定的技术性特征，在数据确权的过程中，如何有效发挥技术手段，应对数据可复制、多样混杂等属性问题，以及在数据相关主体之间建立可溯源的权利关系等问题，仍然没有得到解决。

3.数据确权的公平与效率困境

兼顾公平和效率是数据确权面临的困境之一。在数据无明确确权的时代，数据作为一种公共资源，其初始产权却交给了数据收集平台。这些平台利用数据确权相关法律规范的空窗期，将收集到的数据作为生产要素进行实际应用，产生收益。而这部分收益最终进入平台的股份所有者手中。原本属于公共资源的数据，转而成为了这些平台独占的生产要素，这不仅损害了生产出数据的个人的利益，更严重加剧了社会分配的不公平，导致贫富差距加大。因此，从公平的角度讲，个人用户与数据平台的利益都值得保护。如何关注个人用户的弱势地位，保障其数据权利不被侵犯，平衡企业与个人利益是数据确权要解决的一大难题。而另一方面，数据作为一种生产资料，具有自身的特点，它并不像传统的生产要素那样具有边际报酬递减的效应。也就是说，数据只有在积累到一定的量级或者能够独立地描述一个系统时，才具备实用价值。以机器学习为例，只有当训练集数据的量足够多时，训练出的模型才能避免过拟合，从而保证分类、预测等行为的准确率。从这个角度来讲，数据只有汇集于数据收集平台，并且积累到一定量时，才能发挥规模效应，创造出更多的价值。因此，从效率的角度讲，数据交给个人去处理的意义与价值较低，交给数据平台集中统一处理，才能提高效率，更大程度发挥数据价值。因此，如何合理地划分数据权利归属，使之既能保证数据资源收益分配的合理性，又能确保数据资源利用效率的最大化，是数据确权要解决的又一大难题。

4.3 数据共有制设想

数据共有制设想是在中国特色社会主义基本经济制度下，坚持以公有制为主体，多种所有制经济共同发展的，符合我国国情的数据所有权基本制度。数据共有制的核心要义是：数据作为生产要素归数据相关方共同所有，数据生产要素按贡献参与分配。

随着数据时代的来临，平台企业对用户行为的数据化，各类团体对客户资料的搜集，政府机构对公众办事信息的采集等，都涉及多方主体的利益，如何界定数据权属成为各方高度关注的重要问题。那么下一步，推进数据流动与利用的焦点在于数据的权属及监管使用等方面，即通过数据所有权保证数据的有序流动。数据作为生产要素，是信息社会产权制度的重要内容，只有建立适应数据生产力发展的数据所有制形式，才能促进数据有序流动，保障不同主体的数据权利，平衡各方利益。

数据共有制设想不仅有助于解决数据的确权问题，同时也涵盖了数据流通、数据许可、数据税收、数据管理等层面的规制与安排。数据共有制并不一定是对所有权全部权能与内容的绝对共有，可以是对占有、使用、收益、处分中的某一或某几项权利的共有，数据共有制在不同领域、不同场景中的具体表现形式是不同的，更多的体现为对数据占有权、使用权、收益权的共有。在这种数据共有制设想框架下，界定数据权利边界，科学设计数据流通、交易规则，结合私法与公法制度，兼顾私有权利与公共利益，保障个人与企业等组织的数据权利，建立健康有序的数据要素市场，促进生产力与国民经济发展，维护国家数据安全与数据主权。

4.3.1　数据所有制与数据产权

生产资料所有制是生产关系的核心，是经济制度的基础。所有制是指人们在生产资料所有、占有、支配、使用和收益等方面所结成的经济关系，不仅是人对物的占有关系，更是通过对物的占有而发生的人与人之间的关系。生产资料归谁所有，由谁支配，不仅决定生产过程中人与人的关系，而且决定着分配关系、交换关系和消费关系。不同的所有制形式决定人们在生产中的地位及其相互关系，所有者有时不是单独的个人，而是一个集体，联合起来的共同所有者之间存在着一定的所有制关系。

生产力决定生产关系，历史上出现过多种基本的生产资料所有制，生产力的不断发展进步，要求建立与它相适应的生产资料所有制，使能够促进生产力发展的新的生产资料所有制代替阻碍生产力发展的过时的生产资料所有制。这是不以人们的意志为转移的历史发展的必然过程。每一种基本的生产资料所有制，从它产生直到被发展程度更高的所有制代替为止，也都存在不断发展的过程。

新的科技进步包括数字化的发展，给社会带来的主要是生产力水平的提高。数字化有助于提升人们利用各种资源进行生产活动和创造财富的能力，这就是生产力。数字化的发展对生产力提升的推动作用，已经为经济社会发展的实践所证明。同时需要注意的是生产力最终是要影响和决定生产关系的，而生产关系主要指的是生产资料归谁所有，劳动成果如何分配，这是传统政治经济学的主要观点。

确定数据产权，尤其是确定数据所有权归属，理顺数据产权关系，是数据所有制的核心内容。数据产权之所以难以界定，其关键在于数据具有“超物”特性，并且与数据相关的权利主体较多，涉及的财产关系较为复杂甚至彼此冲突，数据产权界定又与数据安全保护、个人信息保护等问题相互交织。近年来，我国立法部门也积极推动探索建立完善的数据产权制度，例如《民法典》总则编明确了数据是一种财产权益，《数据安全法》规定国家保护个人、组织与数据有关的权益。但受限于数据权属问题的复杂性，相关制度建设推进缓慢，如何进行数据权属界定、培育发展数据要素市场已成为我国数字经济发展中亟须解决的重要基础性问题。

4.3.2 数据共有制的必要性

在人类发展历史上，从农业社会到工业社会，再到如今的信息社会，生产要素不断发生变化，同时伴随着生产资料所有制的变化，建立与社会发展相适应的生产资料所有制才能促进生产力的发展，而不合时宜的生产资料所有制无疑会成为时代进步的桎梏。建立数据所有制是社会发展演变带来的必然结果，更是对当前社会发展现实需要的回应。

数据是经济社会发展的关键要素，而数据权属是其中的核心问题，数据确权是数据时代最重要的制度安排。然而数据由于其无形的特征造成其所有权确定具有特殊性，数据反映的内容涉及众多方面，加之隐私、安全等因素的干扰，使数据所有权判别准则并不明确。数据产权制度建设是一项复杂的系统工程。根据产权的特性，数据确权问题需要法学、经济学、制度经济学、公共管理学以及社会学等的共同研究。现有的理论倾向于在私法上通过赋予个人或企业某种数据权利来建立数据归属和利用秩序，但却忽略了数据的公共性质，因此，应建立公法上的数据公共秩序。

传统物权观念上，体物由于不可复制、排他、有限，只能在所有权的权能上进行分割、限定，并由此产生了用益物权等他物权形式。例如，土地承包经营权、建设用地使用权、宅基地使用权、地役权、居住权、自然资源使用权等。传统的按份共有、共同共有，如家庭成员对房屋的共同所有和股东对公司股份的共同所有，虽然也是不同主体对同一物享有共同所有权，但是任何一主体都无法独立、完整、自决地行使自己的权利，而需要其他主体的同意。现有所有权模式和产权制度，都无法直接适用于数据。而数据作为生产要素，其价值的实现与效能的发挥直接关系到生产力的发展。数据产业与经济的进一步发展需要相应的数据流通、数据交易制度来支撑，而数据产权制度还未确立，数据权属、数据收益规则等也未有定论，数据共有制的探讨或许可以成为破解有关难题的重要契机。

4.3.3 数据共有制的实现路径

确定数据所有者最根本的决定因素是在数据产生过程中全部生产要素的所有者是谁。数据产权具有混合性、可复制性、非排他性等特征，不同于普通物质性产权，相似于但又有别于知识产权等非物质性产权。此外，数据权利涉及的主体众多，不同主体所享有的数据权利内容不同，但在特定场景中却对同一数据产品享有竞争性利益。从现实角度看，数据所有权可以是独有的，也可以是共有的。同样一条数据在不同的产生条件下可以出现不同的所有权归属形式。如果全部生产要素不属于单一个体，那么数据就应该按照数据生产要素在数据生产中的实际贡献归属于不同所有者，成为一种各方共同拥有的特殊物品。

社交平台等一系列用户生成内容的版权框架应当置于一种公共所有权之下，当数据成为公共领域的组成部分，让任何平台或个人为整个社会制定管理数据的规则是不负责任的，需要避免由于这种私人占有，使原本具有公共性的数据变成公司和个体谋取利益的工具。用户控制数据不仅仅是以此获得经济回报，更重要的是要控制其使用，保证数据分析的目的和用途符合自身的利益和意愿。

实践中早已存在数据“共有”的现象。数据处理行为通常成本很低，甚至零成本，而数据利用却能带来一定的经济效益、社会效益，多个主体对同一数据的使用、开发利用，并不会影响数据的效益发挥，反而可能会增进数据效益。多个主体“共有”数据已成为一种常见的现象。例如，数据产生后，在传输、交易、流通等过程中被不同主体占有，他们基于不同的目的、采用不同的技术手段、在不同的时空对数据进行加工、处理，所以在同一数据上就会产生多个占有主体，这种同时占有就是客观上的共有。再如，来自不同主体的数据汇聚成数据集合，数据的效用以集合的形式得以突出、集中，各个主体因对数据集合的贡献而成为数据集合的共有者。

数据的可复制性保证了数据共有制权利客体的同一性。数据的复制、重复利用实现了数据共有者之间对相同数据享有所有权，保证了不同主体共有权利的客体同一性。虽然数据复制后可能存储于不同载体、不同地点，但是这种完全一致、毫无差别的数字化复制品为数据共有者提供了绝对相同的权利客体标的。数据的非排他性保证了数据共有制主体权利的独立性。一个主体对数据的占有、使用、收益、处分等行为，通常并不会影响其他主体对该数据进行利用，也不会减损数据的再次、多次利用效益。数据所具有的这种非排他性能够保证不同主体可同时行使各自的数据权利，每个权利主体都可以占有或使用完整的数据，都可以独立地行使所享有的数据权利。

4.3.4 数据共有制的核心内容

数据共有是指相关主体对数据所有权的共同所有。数据共有制的核心是利益共享与合作控制，关键是数据控制权回归用户，打破数据垄断。通过数据共有制可以建立一个合作、共治、负责任的数据规则体系。

数据价值产生于多源融合，数据共有制使得数据价值的实现方式不再是单主体的数据治理，而转变为多主体的数据共治。数据共有制强化了数据来源者的数据权利，从权利主体层面看，数据共有制肯定了个人作为数据所有者的人格权与财产权，个人尊严、隐私等重要权利通过信息自决得以保障；数据共有制明确企业合法利用数据资源的边界，避免在创造经济收益的过程中产生权利纷争、数据抢夺、黑市交易等乱象，保障企业更有活力、更有动力开展数据产业经济活动，增强企业的创新能力；数据共有制有利于政府对公共数据有效管理和开发利用，有利于激发公共数据要素活力，释放公共数据价值，营造良好的国家数据发展、建设与创新环境。

4.3.5　数据共有制如何发挥作用

数据共有制强调多个主体同时对数据享有所有权，衡量国家、个人、企业、社会间的不同利益，从所有权制度设计上最大限度地促进数据利用与价值实现。数据与其他有体物不同，数据的价值实现在于流动与利用，而非固定、专有、独占的绝对性保护。数据共有制的设计基于数据的特殊性质，考量了实践发展的选择，兼顾了私有权利与公共利益的实现。

数据共有制能够实现清晰的数据产权界定，是集中体现数据确权的制度安排。清晰明确的权利规则与良好的权利秩序能够促进数据权利的保护与行使，避免权利主体对自身所享有权利的不知情，也防止权利主体过度地主张权利。数据共有制不仅能够确定数据权利主体，还能够确定不同主体所享有的数据权利。权利界限得以明确，权利内容得以固定，必然会大大减少由数据所引发的权利纷争，降低数据交易成本，规范数据行为，健全数据市场规则。

在不同主体的权利、利益都能在数据共有制中得到保障时，数据资源的体量将大大增长，数据的流动性将大幅提升，数据的价值将更充分地释放。在个人数据权利得到所有权制度的保护时，必然会基于这种确定、稳固的保护而产生权利安全感，在个人数据被采集时，通过告知—同意原则保障知情权，减少个人对自身数据被采集、使用的反感和拒绝，从数据的来源角度丰富了数据资源。企业在获得数据所有者的地位后，在合法、合理范围内能够明确数据使用、交易权利的边界与规则，避免因数据权属问题不明产生更高的成本，防止数据权利不足阻碍数据的开发利用。数据共有制将国家纳入权利主体范围，进而结合数据许可等法律方式、数据税收等经济方式，规范数据要素市场，合理分配数据收益，有效监管数据行为，兼顾公共数据、企业数据、社会数据的管理、利用，为数据交易、数据治理营造国家主导、多方参与的良好环境，不断提高数据生产力，促进经济发展、社会发展与国家发展。

CHAPTER 5

第5章

数据推动社会演进

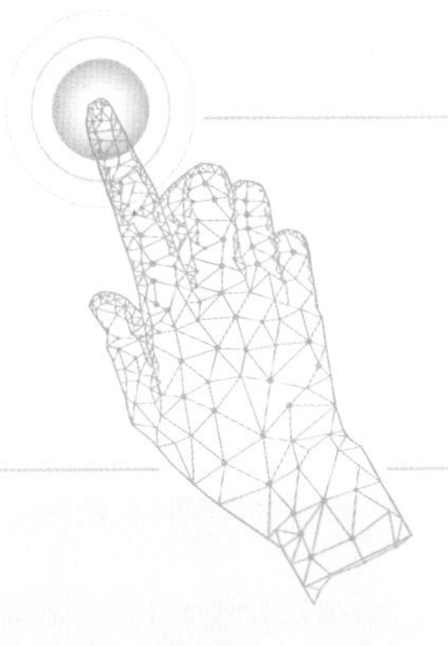

本章核心观点

- 数据生产力是人或机器在智能生产工具的作用下，对生产生活中的数据进行采集、加工、分析、挖掘、利用，以及与其他生产要素深度融合中释放出的驱动经济社会发展的能力。

- “自由数字连接体”是数据时代的新型社会组织形式，组织成员具有高度灵活性、弹性和快速反应能力，通过一致的价值取向共同完成组织目标。

- 数据时代为人们的流动提供了便利，兼具弹性与灵活性的新型就业形态涌现，人们将因流动性逐渐摆脱组织对人的结构性限制。

- 数字化、网络化及信息化将促使社会生活变迁，数据持续改变着人们的生活观念、生活环境和生活方式。

正如马克思在《资本论》中所言，“不是蒸汽机而是大机器体系的形成才是大工业爆发和全面发展的标志”，由数据、算力和算法共同构筑的新数据范式——数智三元体体系正在给人们的生产、生活带来巨大的变化，促进数据生产力的发展，引起新社会组织的出现，影响社会职业结构与就业方式，深刻变革社会生产和生活方式。

5.1 数据生产力形成

随着人类进入信息社会，数据逐渐成为关键生产要素，在市场中流动并产生价值，为经济社会的高质量发展赋能。基于数据这一核心要素，数据生产力强化人类认识、适应和改造自然的能力，成为社会发展的新动能，推动数据时代生产关系的重构，对政治、法律等多种社会意识带来影响。

5.1.1 社会发展新动能

一般认为，生产力由劳动者、劳动工具和劳动对象组成。纵观人类社会发展历程，生产力始终是推动社会进步的根本动力，人类文明无不是劳动者发挥聪明才智，创造并利用新的劳动工具，作用于劳动对象，不断适应和改造自然的过程。数据生产力是人或机器在智能生产工具的作用下，对生产生活中的数据进行采集、加工、分析、挖掘、利用，以及与其他生产要素深度融合中释放出的驱动经济社会发展的能力。数据生产力成为信息社会人类认识和改造自然的新能力，通过价值共创使数据要素赋能其他要素，促进资源优化和激活创新，形成社会发展新动能。数据要素融入到其他生产要素，提高单一要素的生产效率，促使其价值倍增；数据要素提高传统要素之间的资源配置效率，推动传统生产要素发生聚变与裂变，成为驱动经济持续增长的核心动力；数据要素激活其他生产要素，提升商业模式、产品与服务的创新能力，并激发个体和组织的创新活力。

数据聚合为数据资源。5G、工业互联网、物联网等网络基础设施以及社交媒体、消费平台等应用软件的开发，为海量数据的积累提供了技术支撑。可以预见，未来全球的数据量将会达到超大规模，数据正在变得越来越“大”，不断聚合为数据资源，为数据生产力的发展做好了充足的资源准备。

数据资源转化为数据能力。基于数据资源，借助云计算、分布式计算、量子计算等“算力”和人工智能、深度学习等“算法”，数据资源的价值被充分挖掘，不断转化为数据能力。数据能力成为数据时代人类认识世界、改造世界的重要手段，为人类提供了全新的认知模式，这种认知能力转化为实践能力，不断助推生产力发展和进步。

数据能力赋能全要素生产率。在数据能力驱动下，数据参与到生产、分配、交换和消费的全过程，并与其他生产要素深度融合，使其他要素资源的效率倍增，放大其他生产要素的效率和价值。同时，数据借助人工智能、云计算等多种技术集成，与其他生产要素相融合，降低生产成本、提高效率、优化资源配置，推动全要素生产率的指数性增长。

全要素生产率提升助推经济高质量发展。全要素生产率提升得益于数据的价值实现，一方面，企业利用大数据技术收集市场、用户信息，进行更加精准、高效的生产与营销，从而提升整体生产效率与经济效益；另一方面，大数据技术与农业、工业和服务业的深度融合，促进传统产业提质增效，不断创造出增长机会和发展模式。

5.1.2 生产关系重构

马克思曾指出："手推磨产生的是封建主的社会，蒸汽磨产生的是工业资本家的社会。"当生产力发展到一定阶段后，就会与既有的生产关系发生矛盾，从而引发生产关系的变革，最终促使人类迈向更高阶的社会形态。生产关系是人们在生产过程中结成的人与人之间的社会关系，主要包括生产资料所有制关系、人们在生产中的地位及其相互关系和资源分配关系三方面的内容。生产力决定生产关系，生产关系发生改变必然是生产力的变化所引起的。数据生产力不断发展，必将推动整个社会生产关系的变化，并带来生产组织形式、商业模式和制度框架的变革，促使数据时代生产关系的重构。

生产工具方面，数据成为新型生产要素，而数字技术则催生了处理新型生产要素的生产工具，比如大型计算机、个人计算机、量子计算机、移动处理终端、云计算等，进而衍生出大批新型数据劳动者，比如软件工程师、数据库管理员、数据科学家、数据分析师、首席数据官、数据专员等，进而形成新的生产关系，构造新型生产力，提升生产率。

在生产中人与人的地位及其相互关系方面，数据生产力改变了传统生产过程中的强制关系，人的素质和能力在分配关系中的地位越来越重要，人与人之间的关系更为融洽，地位日益平等。数据时代数字经济成为经济增长的新动能，在国民经济中所占比例也越来越大，而数据、知识经验等数据性生产资料也越来越占据主导地位。由于数据性生产资料内在于以脑力劳动为主的劳动者，并且具有可共享共用的非排他性，劳动者与生产工具的分离，在一定程度上缓和了生产过程中的紧张关系。同时，许多企业也不断加强了对劳动者的素质教育和培训，管理方式也日益制度化、规范化、人性化。

在分配关系上，数据时代劳动者的素质和能力越来越成为分配的一个重要尺度，以数据科学家为代表的智力劳动者正成为现代企业利润的分享者，越来越多的劳动者在一定程度上实现了对自身劳动的占有。数据生产力促进了规划的科学性，提升了资源配置的水平。

此外，借助“算力＋算法”，数据生产力能够预测关注对象的发展趋势，从而实现科学研判，助力政府在社会治理、企业在生产销售上“对症下药”，提升资源配置水平，助推社会生产力的进一步发展。

5.1.3 社会意识影响

马克思在 1852 年指出："在不同的占有形式上，在社会生存条件上，耸立着由各种不同的、表现独特的情感、幻想、思想方式和人生观构成的整个上层建筑。整个阶级在它的物质条件和相应的社会关系的基础上创造和构成这一切。"上层建筑是建立在一定经济基础之上的各种制度、设施和意识形态的总和，上层建筑受到由生产关系的总和所构成的经济基础的制约。身处信息社会，数据生产力不仅对人类的思想和价值观念带来巨大冲击，同时还对政治、法律与意识形态等多种社会意识带来影响。

法律和社会规则的调整范围与关注点发生变化。作为数据时代的关键生产要素，数据无疑是社会法律关注的焦点。各国纷纷加强对数据资源的收集、利用与保护，保障人们在数据时代所具有的合法权益，如数据安全和隐私的保护，日益成为国家的主要经济政策和法律的关注点。数据的收集、分析与处理，数据的占有和使用，数据产业体系成为相关领域法律和规则的主要调整对象。

社会民主制度日益完善，公众参与热情不断提高。步入数据时代，随着以数据要素为代表的生产力的不断发展，以及社会信息系统的日臻完善，公众参与政治的途径不断拓展；同时，随着数据和知识的广泛迅速传播，社会公众的知识水平、参政议政能力也日益提升，人们对社会管理的参与方式、参与程度也不断提高，社会民主制度迈上新阶段。

社会意识形态的存在方式和开展方式发生了转向。数据充斥着人类生活的方方面面，不仅改变了人们的生活方式、学习方式和思维方式，而且塑造着意识形态的真实面貌。数据时代，意识形态的建设和传播有了新的方式和路径，也面临着新的机遇和挑战。第一，数据的指数性增长和规模式呈现，使意识形态展开方式复杂化。以文字、语音、视频等为主的数据被大量生产和消费，这些数据纷繁复杂、来源广泛、参差不齐，以数据为载体的意识形态变得更加复杂，对社会公众的影响也更加难以察觉。第二，“数据霸权”影响意识形态的传播路径。数据是意识形态具象化的展现形式，技术领域的差距引发意识形态领域的“数据霸权”。数据时代，数据这一核心生产要素日益成为世界各国争相开发和抢夺的战略资源。

对公众的思想和价值观念带来巨大冲击。数据时代生产方式的变革直接冲击人们的生活，影响人们的价值观和道德观。以社交媒体为例，部分巨头拥有庞大的用户群体，他们每时每刻都生产并以多样的传播方式传播海量的数据，缔造出一个网络“新世界”，这已经深度融入每个人的生活、学习和工作中。社交媒体能够突破时空进行思想交流、信息传递、情感表达等，能够塑造人们的价值观念，影响人的价值判断和行为，具有极强的影响力。我们应认识到数据使用的“双刃剑”效应，要以正确的舆论和积极的人生观、价值观来影响、塑造人，促进人的发展。

5.2 新社会组织出现

“社会组织”一般是指由两个以上的人组成的，为实现共同目标，以一定形式加以编制的集合体。组织理论主要回答如何最佳地把个人力量结合起来的问题，从而产生更大的效益，并由此讨论组织的目标、分工、协调、权力关系、责任、组织效率、授权、管理幅度和层次，以及人和组织活动过程，如群体和个体行为、人和组织的关系、沟通、参与、激励、领导艺术等。常见的组织种类包括行政组织、企业组织、文化教育组织、宗教组织、行业组织等。数据时代经济社会活动的数字化、网络化、数据化，一方面使空间变小，人与人之间连接的空间鸿沟被消解，另一方面又使空间扩大，组织的广度和深度具有无限可能。各种新型组织形式应运而生，通过以信息技术为连接和协调手段，在组织成员之间构建起协调

新型组织形态

产品型社群、兴趣型社群、知识型社群、品牌型社群等社会组织的产生一般仅是因为志同道合、信息交流、方便生活等，没有明确的社会价值、经济价值等目标，它们多基于互联网产生，与互联网发展休戚相关，与地域相关性较低，突破地域限制。新型非官方社会组织一般通过纲领，让人群实现有效聚集；利用高效率的协同交流工具，实现一致行动。

和沟通的桥梁，使实体性组织机构的管理结构、管理方式和管理理念面临巨大冲击，最终形成了适应数据时代发展所需要的新型组织形态。

5.2.1　新组织的形态与特征

1. 平台化对接

信息化、科技化和智能化的发展使得信息流通、资源配置、人口流动等更为便捷，人的社会结构也不断发生变化，主要表现在人力资源的跨地域、跨行业、跨平台流动更为明显。

一些人才共享平台通过大数据应用将专业技能人才与全世界的复杂服务需求方匹配在一起，一方面为人才提供灵活就业，另一方面为企业提供灵活用工服务，业务覆盖企业管理服务、品牌创意服务、企业营销服务、产品制造服务、软件开发服务以及个人生活服务等广泛领域。平台具有强大的就业吸纳能力，是去雇主化、平台化的新就业模式的探索。

在传统的就业模式中，企业与劳动者签订合同，形成雇佣与被雇佣的关系，这种雇佣关系的束缚很难被打破。数据时代的平台型就业模式，通过平台面对市场，很多企业与平台建立业务联系，人们可以突破空间和时间的限制，就业灵活性和自主性大大增加。比如互联网电商平台搭建了企业与从业者的桥梁，尤其是数字文化平台的发展，泛娱乐、游戏等直播平台间接创造了大量的就业。

数据时代，个体不同于传统社会中的单位、组织等所具有的属性，更多地以平台为单位，每个个体都可以从属于不同平台或服务于多平台，在不同平台间彰显着个人价值。个体的自我介绍不再是“我是来自某单位的某某”，而变成了“我是某类达人，服务于某些平台”。

2. 共享化自组织

依靠移动定位技术、支付技术、大数据算法、人工智能等搭建的平台企业，让过去复杂的交易变得轻松，体验也更好，并满足了更自由的工作时间和状态的生活工作方式。共享来自方方面面，从技术共享到资源共享，从渠道共享到空间共享，从资金共享到人才共享，依靠数字技术和数据，整合闲置资源，给供需双方带来便利和价值。

共享模式下组织和个人的雇佣关系变得松散，已不是纯粹的雇佣关系，只是合作者，对个体而言，未来也不是只服务于一家企业，可能是多家企业的员工，为多家组织服务。个体可以在世界的任意角落为不同的人提供服务。

在数据时代，无论是数字产业还是传统产业，其发展创新都越来越依赖数据这一关键要素，是否拥有足够的数据、能否利用好数据越来越成为检验企业生产效率和创新能力的关键。

3. 专业化服务

数据时代，数字经济蓬勃发展，传统组织数字化转型持续推进，借助先进的信息技术和通讯手段，人与人之间、人与组织之间，组织与组织之间的连接日益便利，业务联系不断加强。组织借助网络实现全面互联，将连接对象延伸到整个产业链，实现了上下游全产业链的良性互动。通过全面互联互通，组织实现生产的资源优化、协同制造和服务延伸，同时可以借线上销售和服务，实现跨企业、跨领域、跨产业的广泛互联互通，打破“信息孤岛”，促进数据集成共享，推动农业、工业和服务业的跨界融通发展。

例如，医疗领域已经诞生出了各种专业化在线医疗咨询平台，提供家庭医生服务，如在线咨询、转诊及挂号、住院安排、第二诊疗意见及健康管理等内容。平台积累了医生资源、医疗机构资源和政府公共卫生资源网络，打通并赋能医生、医疗机构、政府和居民多方，沉淀多维度、高附加值的大数据，蕴含巨大的平台化价值和资源网络势能。

5.2.2　自由数字连接体

数据时代，人际关系和交流活动呈现隐匿性、开放性和多元性等特征，有别于传统组织，新型组织形式突破传统组织结构、创造性地实现组织职能及目标，具有如下特点：组织的参与者分别位于不同的地理位置，数字技术是组织实施的必要条件，组织中的合作者之间可以没有长期性的相互约束关系，他们在法律意义上是完全独立的，组织是以某些工作任务为目的组建起来的，随着互联网的渗透力和影响力越来越大，我们可称之为“自由数字连接体”。“自由数字连接体”在形式上，不需要固定的地理空间以及相应的时间限制，组织内的组织成员具有高度灵活性、弹性、快速反应能力，通过一致的价值取向共同完成组织目标。

自由数字连接体具有动态性、分布性、合作性的本质特征。新组织形式实体性不明显，打破地域空间的限制，不受其制约；不同于传统组织呈现出静态稳定的趋势，新型组织则是动态多变的，并倾向于自组织，运行方式打破层级性和单向命令性，更倾向于交互式协作；不追求相对稳定的组织结构，倾向于按需把人员召集起来，待目标完成后即解散的一种临时性、灵活性、高效性组织结构。

数据时代的组织与组织、组织与个人关系重构主要体现为赋能、共创、协同。首先是组织赋能。数据时代，一方面外部环境处于不确定性之中，所以组织要面对的是一个动态变化的环境；另一方面是强个体的出现，组织对个人的价值由管控转向赋能。其次是连接共创。数据时代带来的无限连接使今天的组织或个人无法独立创造价值，而需要与更多组织、更多个人，以及与更广泛的外部环境共创共赢、创造价值，从中找到自己新的成长空间，获得新发展的可能性。最后是合作协同。在数字化生存背景下，为获得较高的组织效率，组织必须完成的最根本的转变就是由重分工到重协同。

5.3 就业结构变化

互联网平台兴起、数据产业的发展，细分了领域与市场，使人们有了更多的职业选择。随着社会的发展，人们因为职业选择的不同嵌入到整个社会结构中，受到结构的支配，进而使其在职业选择上会成为“结构的囚徒”，并未能扩展人的自由。数据时代为人们在物理空间和虚拟空间的流动提供了便利，人们将因流动性而逐渐摆脱组织对人的结构性限制。

5.3.1　数据规模提升与人工智能蓬勃发展

始于20世纪50年代的人工智能，由于受到算法、数据采集能力、处理能力和存储能力等因素的影响，其发展经历了多次高潮和低谷。随着移动智能终端和可穿戴设备的普及，互联网尤其是社交媒体在全世界范围内扩散，人类的生产活动、消费行为乃至个人健康生理信息被无所不在的智能设备转化为数据，包括传统的结构化数据，以及图片、音视频等非结构化数据。人类社会生活所产生的海量数据，构成了充足的训练样本，为预测模型的改进与算法的优化提供了坚实的基础。在海量数据的作用下，模型与算法通过观察已有情形、识别潜在模式和推测隐含规律，能够改善预测效果，提供更精准可靠的预测结果。简而言之，数据时代的到来优化了机器学习与深度学习算法，计算技术不断发展提升了数据处理与计算能力，这使人工智能技术突破瓶颈、逾越发展低潮，超越了“以规则设定和逻辑推理为基础的理论驱动”阶段，能够模拟人类的思维过程、接近人类智慧乃至直接替代劳动要素，得到更复杂的应用。

人工智能发展进入大爆发阶段得益于良好的数据基础，新式人工智能或强人工智能运用数据和计算能力优势，各种隐含的默会知识被不断提炼出来，进而实现更为通用和复杂的功能，这势必带来程序化工种的消失以及新工种、新机构和企业的产生。例如，随着算法和运算能力的提升，围绕数据的采集、分析、处理产生了数据提供商和数据服务商。数据提供商以提供数据为自身主要业务，为需求方提供云计算、机器学习等相关技术和所需数据；数据服务商对采集到的数据进行分析、处理，为需求端提供服务。

互联网、大数据、人工智能等技术在不同场景下得到广泛应用，并逐步渗入生产领域各个环节，改造既有生产组织方式与生产过程，生产端与消费端能够直接对接，中间环节和交易成本则被压缩，生产过程日趋扁平化和分散化，在淘汰程序化工种的同时，使现有生产工作围绕新兴技术开展，并创造新的部门或机构。生产过程中各个环节的数据随着人工智能应用的深入，不断地被分析、处理，并改造和升级企业的生产流程与管理过程。同时，通过灵活的数据获取和高效的数据传输重塑组织的关系，引起生产组织变革。消费端在消费的过程中生产数据，这些数据被加工处理，形成新的产品与价值，使得消费端在生产的过程中又消费数据。供给端在汇集消费端、生产端多方数据信息的基础上，分析、决策、调整、控制整个生产过程，根据社会需求生产出高品质的、个性化的产品。数据作用于生产与消费过程的形式如图5-1所示，这将有助于开辟新的生产线路，衍生出与数据收集、处理和分析相关的业务，带动上下游产业发展壮大，如研发传感器、芯片等硬件设备，设计优化算法、模型、程序等软件架构，以满足与需求端相适应的需求。

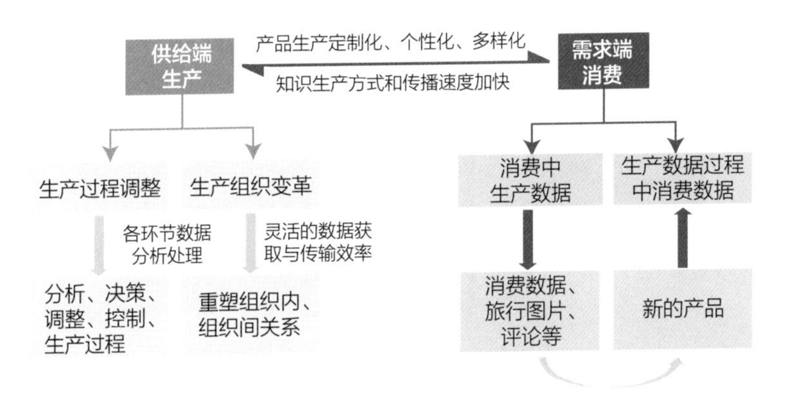

图 5-1　数据作用的生产消费关系

5.3.2　数字经济繁荣与自由职业者涌现

数字经济是指“以数据资源作为关键生产要素、以现代信息网络作为重要载体、以信息通信技术的有效使用作为效率提升和经济结构优化的重要推动力的一系列经济活动”。平台经济是数字经济的典型运作模式，主要互联网企业大多采取平台化的运营方式，通过提供平台对接从业者与消费者，成为其盈利模式，对经济活动与就业模式带来新的变化。互联网平台与大数据算法立足于供需双方的缺口，一方面降低了就业门槛，释放了大量劳动力资源，创造了大量服务性就业岗位；另一方面能够实时、精准地匹配供需两侧的要求，大幅度降低了交易成本，促成了供需双方短暂的共享行为，使互惠的交易行为变得更加便捷。数字经济、平台经济、共享经济、零工经济在理论研究与实际生活中多被交替使用，相关性如图5-2所示。

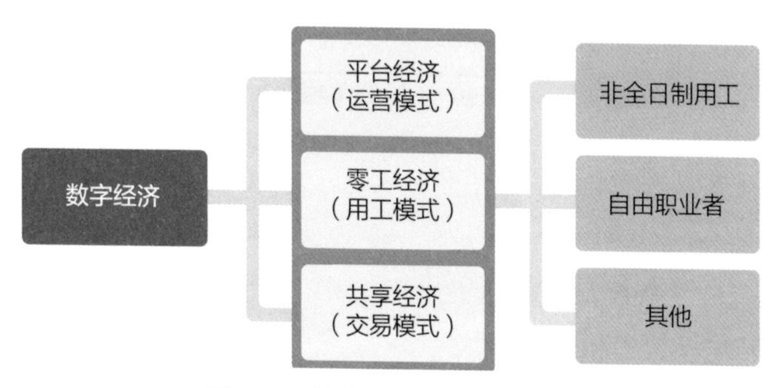

图5-2 数字经济相关概念梳理

就工作内容而言，互联网平台日益崛起并覆盖各个生活领域，包括电子商务、住宿出行、物流配送与文化资讯，由此衍生了大量的就业需求与多种新兴的职业，如网络主播、内容创作者、咨询专家和网络电商店主。共享经济的交易对象大多是闲置资源，包括有形的资产、无形的劳动与知识技能。这一交易模式在高效配置资源的同时，拓宽了就业面，带来了兼具弹性与灵活性的新型就业形态，即大量依照订单计算报酬的临时性、兼职性岗位。

在科技创新的剧烈冲击下，年轻一代生活在生产力跃升、教育普及、大众传媒涌现的社会环境中，享受着繁荣的物质生活，人身安全得到坚实保障。年轻一代的生存不再面临迫切威胁，低位阶的需求得到满足，因此，他们转而追求马斯洛所言的高层次需求，包括爱、尊重、归属感乃至自我实现。个体价值观向后物质主义转变，这构成了普遍发生在世界各地的趋势，反映在个体注重生活质量的职业选择中。年轻一代拒绝固守特定职业或局限于单一行业，将劳动视为实现自我价值和展现独特才华的方式，这体现了经济发展与科技创新浪潮下，不同代际就业结构与价值观念所呈现的显著转变。科技水平的跃进突破了时空条件的物理限制，打破了传统的全日制用工模式，增强了人才的流动性，壮大了灵活多样的就业形式。得益于科技发展的新生代从业者往往不再前往集中办公地点、遵守固定的工作时长，而是具有灵活安排工作任务和时长

斜杠青年：律师/演员/作家/博主

“斜杠青年”是新兴业态急速发展的产物，始于《纽约时报》专栏作家麦瑞克·阿尔伯在2007年出版的《双重职业》一书，指拥有多重职业和身份的人群。随着经济发展、产业升级，新兴职业强势崛起，为多重职业者提供了更多可能。“斜杠”逐渐成为年轻人生活的“标配”。在格子间里“搬完一天的砖”，在其他的时间里，他们可能是知名美妆博主、网文作家、剧本杀创作者。《2020年两栖青年金融需求调查报告》显示，我国“两栖青年”规模进一步扩大，“副业刚需”成为年度职场关键词，“两栖青年”推动企业、社会形成新的雇佣模式和经济形态。

的自主权与主体性，偏好与个人兴趣、才能紧密契合的工作内容，采取兼职或自我雇佣的方式，有效增加收入水平。

如今，随着信息传播技术的迅猛发展，过往被专业人士高度垄断的知识走向开放、透明与共享，人们迎来网络资讯大爆炸时代。网络空间中丰富翔实的资讯模糊了专业与非专业人士的界限，使跨界的职业选择成为可能。而在网络平台上，具备相应执照方可从业的职业壁垒不复存在，特许经营的从业规范和管理模式被打破，劳动者承包网络订单的手续十分简便，准入门槛的降低使资源配置变得更加精准高效。具体而言，基于互联网平台和大数据技术，通过接受订单、提供服务、分享闲置商品进而获取劳动报酬的零工经济日益兴起。零工并非新生事物，但零工一词的传统定义并未涵盖新兴技术的影响。在网络平台普及前，零工的工作时长较短，工作频次较低，参与者人数较少。互联网平台的活跃重构了原有的用工模式，促使零工从边缘地位迈入时代潮流。附属于平台的从业者群体则呈现快速崛起势头，剧烈冲击着既有劳动力市场结构。平台模式打破了传统企业与雇员的雇佣关系，催生并壮大了更为自主灵活的新就业形式，一是与平台存在事实劳动关系，但并未签订劳动合同的非全日制用工，这是一种较为典型和常见的零工工种；二是与平台不存在劳动关系，但在平台的支持下开展业务工作的自由职业者。

在市场经济发展与社会观念转变的宏观背景下，自由职业者逐渐获得了社会公众的认可与包容，其规模逐步扩大，构成了常见的职业选择与新兴的社会阶层。自由职业者未与常规用人单位确立正式劳动关系，往往积极发挥其拥有的专业知识和特殊技能，向消费者提供服务并借此获取报酬。自由职业者多见于学历层次较高的青年群体，其受教育程度较高，擅长应用专业技能，主要从事文化娱乐方面的内容生产工作，依托互联网平台传播或交易制作的文化产品。自由职业者所付出的劳动集中于现代服务业尤其是文化创作领域，依托网络平台直接面向消费者，致力于满足受众对娱乐、即时资讯或专业建议等文化产品的精神需求。客观上，这一变化折射出我国经济“由传统工业经济向智能制造、服务经济以及知识经济转型升级的发展趋势”。

5.3.3　技术进步与就业结构影响

政治经济学家约瑟夫·熊彼特认为，企业的创新举措是经济发展的根本驱动力。他运用“创造性破坏”的概念，指代经济结构的内部变革，描述创新不断淘汰陈旧的劳动力与技术、破坏和改造原有的产业结构，进而建立新经济结构的过程。创造与破坏相伴相生的现象向我们揭示，这种创造性破坏过程总是会破坏和改变某些地区现有的就业机会，并在其他领域创造新的就业机会，带来新的发展机遇。历史表明，从长远来看，重大技术变化对就业机会的创造产生了积极的影响。但在短期内，技术革新对就业结构与就业形态将会产生冲击。

技术进步主要分为两种类型，一是技能替代型，二是技能偏好型。技能替代型技术进步倾向于淘汰具备复杂技能的从业者，例如生产线工人取代了传统的手工艺者。与之相反，技能偏好型技术进步则偏好高质量的从业人才，取代非技能劳动者。当前大多数行业的技术进步属于技能偏向型，在引进工业机器人与全自动设备的基础上，大规模淘汰技能水平较低的普通劳动者，以稳定劳动力队伍、提升生产效率并改进产品品质。与此同时，人类长期占据优势的脑力劳动也面临着人工智能等高新技术的挑战，存在被智能技术取代的风险。回顾历史，重复机械的体力劳动逐渐被机器替代。随着人工智能、大数据等新技术的发展，如今公众熟悉的就业模式将受到冲击，各个行业均面临被数字技术取代和优化的可能。

理论研究与他国实践同样表明，技术革命在改造原有产业格局、取代中低技能岗位的同时，将强有力地刺激民众多样化、个性化的需求，拓展传统的业务范围，开辟新的劳动场域，催生新的消费导向型、劳动密集型产业，并对高技能人才提出更高需求。因此，技术进步将使社会分工朝精细化方向深化，衍生新的就业岗位与工作内容，保持就业总量稳步增长的势头。

数字技术的应用存在创造新兴职位、弥补就业损失的潜力。劳动力转移至以工程和软件为代表的开发制造环节、生产组件的供应支持部门、教育部门以及休闲娱乐等外溢性部门，不会将人类带向“就业的终结”。技术变革虽然导致特定行业对劳动者的需求回落，但不存在长期的挤出效应。经历漫长的调整过程后，新兴技术所创造的工作数量将大于其替代的劳动岗位，缓解整体性失业的风险，使就业结构重新回归均衡状态。

虽然长时间存续的大规模失业并不存在，“劳动的终结”与“闲暇革命”远未到来，不同素养的劳动者、不同类型的劳动岗位受到技术冲击的程度各不相同。学术界普遍认为，技术革新率先为资本谋取利润，在全世界范围内提升资本回报率，持续扩大资本回报率与劳动要素回报率间的差距，导致财富向少数资本所有者聚拢、不平等程度加剧。与此同时，技术进步将加速就业结构的两极化趋势，即高低技能从业者的比重有所上升，中等技能人员所占的比例则日渐萎缩，呈现出结构性失业与高技术人才短缺的矛盾状态。

在知识技能结构决定就业前景与收入预期的背景下，技术演进对就业和收入的短期负面效应在劳动密集型产业表现得尤为突出。由于被自动化技术抛弃的劳工不具备相应的数字素养，他们面临着劳动降级现象与严峻的就业形势，无法进入新兴的高技能行业以提升薪资水平，只能流向附加值低、劳动密集型的新兴零工行业，维持相对微薄的收入，承担产业结构变迁的成本。

马丁 · 福特2015年出版的《机器人时代：技术、工作与经济的未来》认为，新技术将引发变革。随着数据的指数级增长，人工智能水平不断提高，将会产生人类劳动力大量转移的可能性。人工智能正在对人类社会的职业产生重大影响，人工智能将会对旅游中介、律师助理等领域产生冲击，引起“结构性失业”，这些领域的服务将会被人工智能替代，从业人员将会面临失业；人工智能还会给人类自认为最擅长的文学与艺术领域带来冲击，更进一步还会引起全面性失业。

在人工智能、深度学习等算法的支持下，新一代数字技术能通过模拟人类大脑的运作过程，识别任务模式和规律，完成更多非程式化的工作，迈向取代人类的智力工作。由此可见，新兴技术将率先取代技术含量和工资水平较低的工作，重构当前的劳动力结构，造成一定规模的失业问题。同时，知识生产与技术应用将对劳动者的创造能力和个性提出更高要求，并催生新的职业选择，创造新的工作机遇，衍生日益多元、灵活的就业形式。

5.4 社会生活变迁

数字化、网络化及信息化将会使人的生存方式发生巨大的变化，并促使一种全新的生存方式产生，使得个人的工作和生活更加紧密地联系在一起，人们的生活观念、生活环境和生活方式将会发生重大改变。

5.4.1 数据改变社会生活观念

数据时代，数据作为一种新的资源，将给我们的生活带来深远的影响，人们的知识获取、个性选择、沟通方式、传播方式都在发生深层次变革。

1.知识获取多样化

数据时代意味着全面的数据化，数据资源的数量可谓前所未有，数据资源的质量、速度和开放程度也都得到了一个飞跃，人们可以从任何地方进入有关人类知识的数据库，从而可以忽略或绕过传统知识的守门人。人们在培养大数据思维、学习大数据运用后，可以自由便捷地获取各种资源，同时人们也拥有了筛选的能力，精准地满足自己的需求。

知识呈现出新的特征。以前，知识通过静态、单向度、线性的方式传播，从整体上看，知识是组织起来的，是成体系呈现在社会大众面前的，而数据时代的知识则恰恰相反。数据时代的知识没有边界、也没有形状，具有社交性、流动性、开放性的特征，它是非线性的，处于一种游离态。即人们工作、生活、学习过程中产生的数据是碎片化的、游离的，可以自由组合、切割。

知识获取效率提升。得益于文献资源管理技术、搜索引擎、数据库技术等知识管理能力的提升，数据时代人们的知识获取效率显著提升。随着互联网数据库的建立，各种资料被转化为电子形式收录进去，在文献资源管理系统的帮助下，按照一定的规则进行合理排列，知识的获取不再受时间和空间的限制。此外随着搜索引擎技术的飞速发展，人们可以实现在海量数据库中完成特定领域微秒级别响应的查询，只要输入关键词，无数相关资料就会陈列在前，极大地提高知识获取的效率。

新的学习方式应运而生。数据时代，知识获取的方便、快捷、高效和低成本，重塑了人们的学习方式。一方面，碎片化学习成为知识获取的重要渠道。数据时代碎片化、游离态的知识信息充斥着人们的工作和生活，碎片化阅读、碎片化学习等相关内容在大块时间被割据的当下越来越受欢迎。另一方面，相关性学习备受青睐。在数据时代的大背景下，知识之间的相关关系大放异彩。通过应用相关关系分析，可以更容易、更便捷、更清楚地掌握知识和分析事物，筛选和记忆所需知识。

2. 个性选择精准化

得益于数据时代下对个人数据的收集和处理，以及决策支持技术的发展，个性化推荐使个人的偏好“无处遁形”，进而帮助人们完成更为理性的决策，实现资源的高效利用与合理配置。此外，海量数据的处理分析、研判推测，也为做出更加科学理性的决策提供了辅助支持。

海量数据为个性选择精准化奠定基础。数据时代，人们的工作、学习和生活中都会产生海量数据，这些数据反映了个体方方面面的特征。在数据传输、数据存储技术和数据处理技术的支持下，这些数据被用于分析个体在特定领域的偏好、决策方式等行为特征，进而为个性化推荐、私人定制、辅助决策等应用奠定了基础。当前数据积累呈现出超线性增长、内部结构复杂化、积累成本降低等特征，为实现精准个性选择创造了条件，为准确分析用户的行为特征奠定了基础。

推荐算法为个性选择精准化提供支持。个性化推荐算法根据用户的兴趣特点，向用户推荐用户感兴趣的信息和物品，使用户产生阅读或者购买的意向。在当前这个信息爆炸的时代，个体需要处理的信息过多，使得用户无法从大量信息中高效获得对自己有用的信息，对信息的利用率降低。因此就需要个性化推荐算法，提高用户使用信息的效率，降低搜寻成本。当前有很多优秀的个性化推荐算法，如通过搜集购物数据，利用物品相似度模型，根据物品相似度推荐的基于物品的协同过滤；或是根据用户信息进行建模，基于人口统计学信息的推荐算法等。这些不同的个性化推荐算法根据用户的使用数据推测出用户的兴趣偏好，辅助消费者进行决策，极大地节省了搜寻成本。

信息爆炸

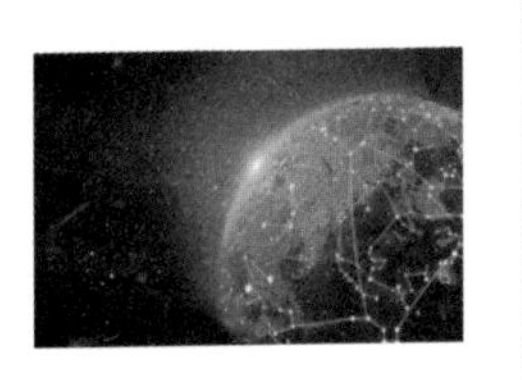

信息爆炸，是对近几年来信息量快速发展的一种描述，形容其发展的速度如爆炸一般席卷整个地球。借助互联网技术的发展，每天在我们所生活的这个世界出现了大量的信息，信息的增长速度绝对是一件近乎恐怖的事情，因此被称为“信息爆炸”。

个性定制产业蓬勃发展。一方面，数据的广泛应用为不同领域的个性化服务提供了便利，使得个人的需要可以得到全方位的满足。通过个性化医疗、私人定制等独特的个性化活动，人们个性的释放与表达也能得到充分的实现。另一方面，数据为人们获取各种资源提供了便捷，也使人们获得了自由选择的机会。当人们计划利用丰富的数据资源实现全面发展时，可以根据个人的喜好与需求选择个性化的特定方向，获取精准的相关资源进行深度发展，从而实现个性发展与提升的自由。

3.沟通方式符号化

德国哲学家恩斯特·卡西尔认为：人是符号的动物，“符号化的思维和符号化的行为是人类生活中最富代表性的特征，并且人类文化的全部发展都依赖于这些条件，这一点是无可争辩的”。数据时代人们的行为隐匿在“符号”和“屏幕”之后，通过将思想转化为各种各样的文字、标点、表情、图片、语音、视频等符号进行交流，通过“键盘对键盘”的方式隐藏身份，表达观点成为当前沟通的主要方式。

沟通方式符号化提升社交风险。符号化网络社交中符号使用的非理性、非规则性和随意性等特点，对社交语言产生了很大的影响。一方面是语言暴力。数据时代社交的一大特点是匿名性。当人们可以隐藏身份的时候，虽然一定程度上满足了个人表达真实想法的需求，但另一方面也造成了网络社区中恶言恶语与谣言等的泛滥。要做到在保证正常的匿名发言的同时，限制谣言、诽谤等负能量的社交言论，并不是一件容易的事。此外，匿名的社交平台给了不法分子可乘之机，基于社交工具的电信诈骗犯罪在一定程度上损害了公民的人身财产安全。

符号化社交产业蓬勃发展。符号化的沟通方式迎合了用户的社交需求。据不完全统计，市场上流通的符号化社交软件多达4582款，这些社交软件按功能可分类为即时聊天、视频、音频、动态、圈子、群聊、频道、朋友圈、话题等。随着社交市场被细分，社交渠道进一步得到拓宽，社交不再局限于即时通讯，而是根据用户的兴趣，以不同的形式、通过不同的渠道展开，如新浪微博、陌陌、百度贴吧、探探、QQ空间、触宝电话、多闪、知乎等。

4.社会传播数字化

数据规模的爆炸式增长，信息技术的飞速发展为社会传播提供了丰富多元的媒介方式，而不再局限于电视、报纸、广播等传统媒介，传播方式的数字化大大提高了传播速度和传播效率。数据时代，传播的内容、方式、表现形态逐渐多样化，传播的广度和深度逐渐扩大化，传播者与受众之间出现交流互动，受众不再是单一地获取和接收新闻内容，而是能够针对传播内容进行独立思考并发表自身意见，甚至由此产生规模化的社会共识，从而催生出新的社会观念。

社会传播内容信息含量激增。人类社会传播的内容就是以符号为载体的信息，信息是本质上的传播内容，符号是信息的载体或流通手段，两者是不可分割的。随着互联网技术的飞速发展，人类社会传播跨越了文字时代，开始进入图像时代，社会传播载体也逐渐由以KB计算的文本文字，转化成了以MB计量的图像、音频和视频。图像是人类使用视觉认知世界的重要载体，也是信息表达、传递与接收的重要途径，可以帮助人们更客观、准确地认识世界。社会传播内容信息含量激增，既是对当今时代应对海量数据的被动适应，也是互联网技术推动下社会传播内容与形式变革的主动之举。

社会传播媒介丰富多彩。随着数据时代通信技术的飞速发展，在5G、云计算、虚拟现实技术等硬件软件的支持下，社会传播媒介由传统主流的报纸、广播、电视等大众传媒，逐步发展为以音频、视频等为主体，以文本为辅助的多元媒介方式，随之而来的是传媒体验的丰富。被动接受新闻信息的大众传媒时代已经动摇，在互联网传媒时代，人们可以根据自身的兴趣版图，在各类细分领域内自主选择感兴趣的信息，系统也会根据用户的偏好进行信息内容的个性化推荐。与此同时，人们开始通过多种社会传播媒介掌握记录事件、发布信息的主动权，信息不再为特权社会所垄断。随着5G技术的飞速发展，各类智能化、高度互联的终端，不仅在硬件渠道层面建构了新媒介，也在塑造着新的信息形式以及新的传播关系，给传统传播方式带来进一步的冲击，“万物皆媒”的时代正加快脚步向我们走来。

5.4.2 数据丰富社会生活载体

伴随着全面的数据化，所有事物皆可被量化、数据化，人与数字之间也便出现了相互转化的关系，人的所有活动和行为甚至思想都可以通过数据的方式被记录、表达和分享，也就是说数据为社会生活提供了丰富的载体，让人们能够更好地享受生活。

家居生活智能化。随着5G技术的发展和物联网理念的推广，家庭智能终端逐渐由个体变为互联的整体，通过互通、互控、互融的统一网络，不同家庭智能终端之间无缝连接，信息共享、高度协调，能自动为人们完成特定的任务，家庭设备与外界交互、反馈，从而极大提升家居生活的舒适性、便利性和安全性。目前，我国家用物联网已经进入了由部分家居智能联动向全屋家居智能协调的过渡升级阶段，未来家用物联网将打造自主感知、反馈以及控制、协调的无感交互型居住环境，充分利用云计算、人工智能等新兴技术，造福家庭生活。此外，智慧社区建设成效显著，基于先进的通信技术和算法，以及社区用户产生的海量数据，智慧社区可以为居民提供更为个性化的服务，提升居民生活体验，便利社区管理服务。

社交生活丰富化。随着数据时代通信技术的飞速发展，在5G、云计算、虚拟现实技术等硬件软件的支持下，社交媒介由传统主流的文本，逐步发展为以音频、视频等为主体、文本为辅助，社交媒介的作用也以传递信息为主转变为学习、工作、生活共存的交流载体。随之而来的是人们日常联系范围的扩大，情感表达方式的多样化，以及社交渠道进一步拓宽带来的社交体验的提升。与此同时，社交不再局限于即时通信，而是根据用户的兴趣，以不同的形式、通过不同的渠道展开。青年人在社交平台畅所欲言，获得知识交流的快感；中年群体通过社交缓解职场压力，密切与同事之间的联系；企业之间以社交媒介为基础实现信息公开、横向交流，提升企业管理决策能力。社交改变生活方式，人与人、人与企业之间的互动能力大大加强，信息流通迅速，沟通效率进一步得到彰显。

文化生活创新化。AR交互、影视动漫立体化制作等交互式及虚拟化制作软件的应用，使人们与文化的距离越来越近，通过虚拟现实技术和互动机制，让文化以更立体、直观、形象的方式展现，同时让大众获得交互式的体验。智慧旅游逐渐成为人们文化娱乐的重要方式，借助大数据平台，建设智慧旅游景区，实现在线预约预订、分时段预约游览、流量监测监控、科学引导分流、非接触式服务、智能导游导览、数字展览等，通过对游客消费倾向、服务喜好和行动轨迹等数据进行分析研判，可以为游客推荐、匹配个性化的旅游路线，同时为景区丰富产品体系、加强景区管理和宣传营销等提供数据支持。

5.4.3 数据变革社会生活形式

数据时代，数据在经济发展、政治博弈、社会治理、文化教育、医疗健康等方面与个人的生活紧密联系，同时也在重塑人们的社会生活形式，从而变革着整个社会，消费模式、社交结构等方面都呈现出许多新的特点。

消费模式多元化。在传统的消费模式中，消费环境多是面对面的线下交易，在很大程度上受到时间和空间的限制；而在数据时代，消费环境在很大程度上基于互联网终端，消费者可以随时随地挑选商品完成交易，进而大大缩减时间成本。

第一，线上消费模式。生活性服务消费领域与互联网终端紧密结合，消费者更加倾向于动动“手指头”而不是动用“脚趾头”消费。各大消费平台、各类服务领域基本覆盖了衣食住行等基本生活的方方面面，在提供便捷性的同时也给予了消费者最大的自由选择权利，成为数据时代主要的消费模式。

第二，社交性消费模式。消费者普遍拥有他们的社交圈及兴趣圈，且这些社交圈及兴趣圈极大地影响着消费者的购买意愿，即使这些商品的价格可能比电商平台更高，但一大半的消费者仍然乐意或已经购买了社交圈中互相推荐的商品，这也意味着通过互动间的口碑传播产生消费影响力，实现销售转化与营销圈层化发展。

第三，转移性消费模式。当前消费主义盛行，消费者所拥有的可用商品价值严重溢出，而绿色、环保概念逐渐普及，消费者的消费观也有所成长，因此越来越多的消费者开始接受并考虑商品价值的分享和转移，随后催生出了共享经济和“二手市场”经济。近年来共享单车、共享充电宝、共享雨伞等一系列共享消费模式让消费者之间可以共享和分担商品的价值，共享经济从基础的住宿、出行等领域也逐渐延伸到了其他的传统行业及细分领域；国内闲置物品交易平台的日活跃用户量显著增加，闲置二手物品的转卖与利用也促进了相关二手中介平台的发展，这些都为商品价值的再分配和升级找到了合适的渠道，同时也为溢出商品价值的转移提供了友好、合理的平台。

消费选择个性化。数据时代，得益于数据通信的便捷，消费行为的交互性越来越强，消费者更倾向于在信息沟通充分、信息的对称性比较强的环境中购物。一方面，消费者会把自己对产品外形、颜色、尺寸、材料、性能等多方面的要求直接传递给生产者，而不再受商店内有限选择范围的限制。生产者根据消费者的个性化要求完成商品的定制生产和定向售卖，进而大大提高了消费品的个性化程度。另一方面，数据的存在清晰记录着每个消费者的喜好和偏向，勾勒出每个消费者的消费行为画像。生产者依托以数据聚集和分析所得的消费行为画像，不断对产品进行迭代更新，进一步满足消费者的精细化需求，引导消费行为的个性化。

社交结构扁平化。数据时代，人们的社交结构发生了较大变化，一方面，人们的社交范围在扩大，另一方面，社交深度却在变浅，社交网络结构逐渐趋于扁平化。数据时代的社交不再局限于同时同地面对面的交流，也不再受限于实体信件巨大的传输耗时。社交的低成本、高效率使得人们维持社会关系更加得心应手，让原本没有可能认识的人可以交流，有更大的概率找到与自己志趣相投的人，也能让更多有共同追求的人聚到一起，形成虚拟社区、圈子，无形中扩大了社交范围。人们越来越倾向于维持一个庞大的社交网络，但社交的深度和质量却无法得到保证。

社交载体去中心化。数据时代，话语权被平均化，自媒体产业飞速增长，每个人都可以成为发声者而非被动的信息接收者。社交载体的去中心化是一个长期趋势，去中心化将帮助用户去除信息的不对称性，去除话语权的不平等性，去除信息传递的单向性。当前主流的社交软件都通过不同的机制和媒介，鼓励用户产出内容，分享生活，满足用户自我记录的需要；倡导用户表达观点，交换意见，解决用户随时随地点对点沟通交流的需求。除此之外，社交载体尽可能地还原线下人与人之间面对面交谈的社交方式，营造信息充分且平等的交流环境，弱化社交载体的中心作用，让交流变得更加直接和有效。

CHAPTER 6

第6章 数据引发时代冲击

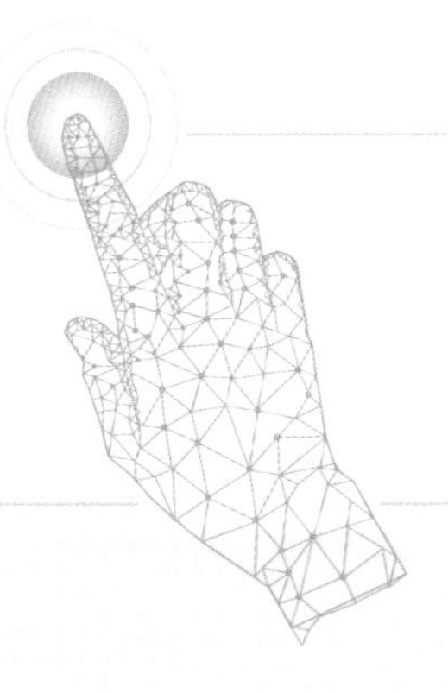

本章核心观点

- 人类社会对信息系统越依赖，其安全风险控制就越重要。我国高度依赖互联网，安全形势严峻。
- 个人信息保护的核心是信息主体的许可使用，而隐私保护的核心是防止侵害人格权与数字人格。
- 人们在享受着数据和智能带来的便利的同时，也面临着算法歧视、算法禁锢、算法依赖等被算法支配的恐惧。
- 平台经济领域的行为更多是数据行为，或者说最后都可以解释为数据行为，平台型企业的垄断具有资本垄断与数据垄断交织并存的新特征。

有阳光的地方就会有阴影，数据带来无限机遇的同时也可能会引起新的挑战。当数据成为经济和社会发展的重要生产要素时，也可能产生政治、经济、文化、教育，乃至军事领域的重大威胁，包括安全的威胁、个人隐私的侵犯、新伦理问题的产生、算法歧视等隐忧以及数据垄断、数据恐怖等问题。

6.1　安全风险

数据时代，安全为先。基于国家整体利益考虑，从总体国家安全观出发，以国民经济与社会对数字环境的“依赖程度”作为分析安全风险问题的切入点，安全风险涉及经济、社会、文化和科技等领域，保障网络安全，维护网络空间主权和各方的合法权益，需要政府和全民的共同参与。

6.1.1　网络安全危及国家安全

我国已然成为网络大国，近年来互联网和信息化工作发展成就显著，网络走入千家万户，据第48次《中国互联网络发展状况统计报告》，我国网民规模达10.11亿，互联网创新应用更是如火如荼、层出不穷，数字技术渗透到生产生活的全领域、全过程。诚然，目前各地各部门对网络和信息安全已经非常重视，网络和信息安全将进入高速发展期，但同时也要看到，安全形势仍然严峻。

在全球网络空间，我国虽然是互联网大国，但还不是互联网强国。我国比较多的是商业模式创新和应用模式创新，而缺乏关键核心技术创新以及技术规则创新。我国高度依赖互联网，是核心规则的遵循者，还不是核心规则的制定者；在互联网的国际事务中，由于在信息安全领域整体实力较弱，缺乏国际网络治理主导性与主动性，在网络空间上缺乏国际话语权；自主创新方面还相对落后，基础信息网络和重要信息系统设备国产自主水平相对较低；关键资源基本掌控在发达国家手中，关键装备受制于人的局面尚未根本改善，发达国家对网络和信息安全的战略调整将对我国造成更大压力。

面对复杂的国际安全形势以及严峻的网络和信息安全挑战，我国要从国际国内大势出发，总体布局，统筹各方，创新发展，将网络和信息安全提升到国家战略地位，落实好国家网络和信息安全顶层规划和设计，使我国网络和信息安全由弱变强。

6.1.2　网络安全防护风险

1. 传统安全威胁

发展初期“资产安全”阶段。在计算机网络技术的应用初期，计算机应用主要是科学计算和关键核心业务的应用，信息系统相对独立，软件具有专业化特征，硬件体积庞大，价格昂贵，信息安全的核心是计算机的“资产安全”，这就形成了当时主流的被动保护式的安全观。因此，财产权和隐私权、国家利益各自特有的保护方式决定了该时期安全的目的定位，

"知识产权"则成为该时期关注的重点。

发展中期"安全可靠"阶段。当计算机应用普及社会经济更多的领域，广泛应用于工业、农业、文化教育、卫生保健、服务行业、社会公用事业等领域，网络成为国家关键基础设施，信息安全与应用领域政策的统筹成为关注重点，信息安全与国家安全、社会公共安全的关系变得更加密切。

发展后期"国家安全"阶段。随着人们对网络空间的高度依赖，网络空间与物理空间相互依存。"没有网络安全就没有国家安全"，保障网络安全需要政府和全民的共同参与，强调所有参与者的责任。基于对网络空间安全的新认识，安全重点聚焦到国家关键信息基础设施保护上，强调物理空间安全与网络空间安全之间的关系。

应当看到，对互联网是柄"双刃剑"已经形成一定的共识，用好了可以造福，用不好则会惹祸。安全是发展的前提，发展是安全的保障，安全和发展是"一体两翼"，安全为了发展，发展依靠安全。网络空间安全的关键在于坚持网络安全和网络发展同步推进。

2.新型安全威胁

值得注意的是，安全的概念及内涵是不断发展和演变的，从不断变化的观点看待安全问题，尤为重要。当前伴随数字化转型的推进和数据时代的来临，新一代信息技术高度集中在经济社会各领域，成为经济社会运行的新型基础设施，然而技术本身存在安全风险性和脆弱性，一旦安全防护不能得到有效保证，将造成业务瘫痪、管理混乱、决策失误、事故频发乃至社会动荡的局面。涉及重大民生及公共服务的重要系统，安全风险防范尤其重要。

伴随云计算的大规模应用，传统网络安全威胁在云计算环境中危害更深，数据破坏、数据丢失等传统安全威胁在云计算中造成的后果更严重。云服务中断将导致业务无法顺利开展，而影响云服务的因素包括服务不可信、安全漏洞以及云服务提供商安全防护不当等诸多不安全因素，而服务中断后用户数据难以快速恢复，加之云服务供应商或企业内部员工可能恶意盗取客户敏感数据，使用同一云服务的其他客户，由于技术漏洞也有可能意外取得或窃取敏感数据。

数据安全也成为亟待解决的关键风险。数据安全风险有两方面的含义，一是数据本身的安全威胁，主要是指对数据进行攻击，可通过数据保密、数据完整性、访问认证等进行保护；二是数据防护的安全威胁，主要是指对数据相关系统进行攻击，常通过磁盘阵列、数据备份、异地容灾等手段保证数据的安全。此外，数据安全还包括隐私保护问题，目前有些互联网平台对用户数据的收集、存储、管理与使用等均缺乏规范，更缺乏监管，用户无法确定自己隐私信息的用途。还有数据可信性威胁，一些伪造或刻意制造的数据，会导致错误的结论，同时数据在传播中的逐步失真，导致早期采集的数据已经不能反映真实情况等。

6.1.3 网络内容安全风险

从目前我国发生的有关案件看，发达国家不同阶段的网络内容安全问题在我国都有所体现：网上的恶意攻击、网上“谣言”“病毒”泛滥成灾、网络上的诈骗、盗版侵权、黄赌毒等丑陋现象，乃至利用网络侵害集体利益和国家利益等。加强网络空间治理，建设充满发展活力的网络环境和健康积极的网络文化，充分发挥互联网的正面作用，消除不利影响，是维护社会稳定与和谐的必然要求。

网络治理能力包括四个方面：网络文化的引导能力、网络安全的保障能力、网络空间的管理能力、互联网经济的发展能力。对内表现为管辖规范网络空间的行为，建设丰富全面的信息服务和繁荣发展的网络文化；对外表现为防范、抵御网络侵略，制止借助网络空间实施的意识形态颠覆和恐怖活动。

当前内容管理和技术管理分离，通信管理局负责网络空间准入管理（ICP备案、域名备案等），多个部门具有内容管理审批权限。内容管理与网络空间管理脱节，反应速度受局限。互联网相关企业是网络治理体系的重要组成部分，互联网企业包括网络运营商、接入服务商、内容提供商、应用服务提供商、电子商务服务商等。互联网企业是网络空间和网络信息内容的直接控制者，对网络空间和信息内容的技术控制主要通过互联网企业执行。

技术控制能力的建设应重视预防和事前处理，现有的技术控制手段主要是舆情发生后的处理，虽然可以有效处理，但是会对政府公信力造成负面影响。这种负面因素长期积累带来的问题不可忽视。

6.1.4　网络空间攻防

1.关键信息基础设施安全

高级可持续性攻击，又称APT攻击，通常是由有国家背景的相关攻击组织进行攻击的活动。APT攻击综合运用多种攻击手段对特定目标进行远程控制和横向渗透，实施窃取国家机密信息、重要企业的商业信息、破坏网络基础设施等活动，具有强烈的政治、经济目的。随着我国国际地位的不断崛起，各种与我国有关的政治、经济、军事、科技情报搜集对专业黑客组织有极大的吸引力，使我国成为全球APT攻击的主要受害国之一，多个境外攻击组织轮番对我国境内的政府、军事、能源、科研、贸易、金融等机构进行了攻击。活跃的攻击组织包括海莲花、蔓灵花、白象等。

近年来，域名安全事件屡有发生：暴风影音域名解析系统遭受网络攻击，导致六省市互联网瘫痪；.se之下的90万个域名不能正确解析，导致瑞典全国范围内各类互联网应用全部瘫痪。黑客曾经攻击了国际互联网域名与地址管理机构（ICANN）的官方网站。我国通用顶级域的根服务器曾出现异常，导致众多知名网站用户无法正常访问，部分地区用户

“断网”现象持续了数个小时，影响超过2/3的国内网站。

关键信息基础设施的安全，已是国家网络安全的重要方面。2021年9月1日施行的《关键信息基础设施安全保护条例》，作为专门指导做好我国关键信息基础设施网络安全工作的重要行政法规，围绕关键信息基础设施信息共享、监测预警、应急处置工作，针对关键信息基础设施安全作出具体指导，明确提出重点保护的具体要求。

《关键信息基础设施安全保护条例》

2021年7月30日，国务院公布《关键信息基础设施安全保护条例》自2021年9月1日起施行。这是根据《中华人民共和国网络安全法》制定的条例，旨在建立专门保护制度，明确各方责任，提出保障促进措施，保障关键信息基础设施安全及维护网络安全。

2.基础数据和重要敏感信息窃取

数据“裸奔”代价沉重。根据IBM和Ponemon Institute的2020年数据泄露成本报告显示，52%的数据泄露是由外部人员恶意造成的，另外25%是由系统故障和攻击造成的，23%的是人为错误，客户的个人身份信息（PII）占所有数据泄露的80%，是最经常丢失或被盗的记录类型。

众所周知，爱德华·斯诺登披露美国“棱镜”秘密项目，揭露美国国家安全局、英国国家通信总局以及其他政府的监听计划，美国国家安全局和联邦调查局通过进入微软、谷歌、苹果等九大网络巨头的服务器，监控美国公民的电子邮件、聊天记录等秘密资料。他还表示，美国政府早就入侵我国一些个人和机构的电脑网络，其中包括政府官员、商界人士以及学校。

2014年，12306网站13万多条用户数据泄露，内容包括用户账号、明文密码、身份证号码、手机号码和电子邮箱等。2014年4月，某黑客对国内两个大型物流公司的内部系统发起网络攻击，非法获取快递用户个人信息1400多万条，并出售给不法分子。eBay网站也曾透露黑客能从该网站获取密码、电话号码、地址及其他个人数据，要求近1.28亿活跃用户全部重新设置密码。

3. 网络渗透与网络恐怖活动

目前，越来越多的恐怖组织利用互联网招募人员，传播暴恐思想，传授暴恐技术，筹集恐怖活动资金，策划恐怖袭击活动。互联网已成为恐怖势力开展活动的主要工具，恐怖音视频也已成为影响互联网健康发展的“毒瘤”，必须坚决予以打击。在我国发生的暴力恐怖案件中，涉案人员几乎无一例外观看、收听过宣扬、煽动暴力恐怖的音视频。恐怖分子将恐怖音视频上传到境外一些知名社交网站和视频分享平台上逃避打击，这使得我国政府难以从源头上清理这些恐怖信息。

4. 网络军事威胁

全球网络战争的威胁，催生了各国网络作战部队的诞生。美国网络司令部共涉及四军种六大分支司令部，依次为陆军网络司令部、海军网络司令部、空军第24航空队、海军陆战队网络空间司令部、国防部信息网络联合部队司令部、国家任务部队司令部。俄罗斯把防止和对抗网络信息侵略提高到国家战略高度，成立了向总统负责的总统国家信息政策委员会，为确保在网络信息对抗中占据主动，俄军建立了特种信息部队，负责实施网络信息战攻防行动。日本防卫省建立"网络空间防卫队"，由防卫相直辖，负责全时监视防卫省和自卫队的网络，应对潜在网络攻击，参加美国的"网络风暴"演习，列席欧美"国际监视与警戒网络"系列演习。韩国网络司令部创建于2010年，主要负责网络战的筹划、实施、部队训练和技术研发等工作，韩军每年组织与参与的"太极"军演、"关键决心""乙支自由卫士"联合军演，均把网络战作为重要演习内容。英国成立了国家网络安全办公室，直接对首相负责，主要负责制定战略层面的网络战力量发展规划和网络安全行动纲要。

6.2 隐私与个人信息泄露

现实生活中个人信息经常在本人不知情的情况下，被推销各种业务的人员或机构掌握并进行精准营销，从而我们的私人生活被侵扰。在一切皆可数据化的条件下，隐私权作为人格权的一部分亟须进行保护。

6.2.1　个人隐私与数字人格

1. 隐私权与个人信息保护

《民法典》中规定“自然人享有隐私权，任何组织或者个人不得以刺探、侵扰、泄露、公开等方式侵害他人的隐私权”，“隐私是自然人的私人生活安宁和不愿为他人知晓的私密空间、私密活动、私密信息”。隐私权保护的是自然人的人格权利，主体是自然人，客体主要是涉及个人自由与尊严方面不愿为他人所知的信息。《中华人民共和国个人信息保护法》中界定的“个人信息是以电子或者其他方式记录的与已识别或者可识别的自然人有关的各种信息，不包括匿名化处理后的信息”。个人信息是指能够识别特定自然人的信息，涉及自然人的人格尊严和人格自由，个人信息保护的是人格权益。隐私与个人信息竞合，在于个人信息中有不愿意被他人知悉的私密信息，这部分信息属于隐私的范畴。个人信息的范畴中包含但又不限于隐私信息。个人信息处理的核心是信息主体的同意使用：一是开放平台方直接收集、利用用户个人信息须获得用户直接授权；二是第三方开发者通过开放平台间接获得用户数据，必须经过平台方授权和用户本人再次明确授权。

2. 网络隐私与数字人格

人类的经济社会活动越来越向网络空间延伸，因此隐私权也向网络隐私权扩展。网络隐私权是指自然人在网上享有私人生活安宁、私人信息、私人空间和私人活动依法受到保护，不被他人非法侵犯、知悉、搜集、复制、利用和公开的一种权利。网络隐私权的范围更广、内容更丰富，个人数据、个人网络行为、个人网络领域构成了网络隐私权的对象范围。个人数据与我们的个人身份信息、个人财产信息和个人通信信息关联；个人在网络上的活动如消费购物与娱乐、网页浏览与查询、在线诊疗与学习等产生的数据属于个人网络行为数据；在网络上还会产生如个人空间、网盘、邮箱、个人主页等与公众无关的私人领域，成为个人网络领域。

得益于大数据技术的发展，人们日常生活留存在网络上的生活消费数据、浏览查询数据、旅行娱乐数据，甚至将来数据化后的个人记忆、情感在内的所有信息被收集、加工、分析、处理、预测，个人将被降格为硬盘中可被随时调取且分析的数据集，与个人实际人格相似的数字人格能够在短期内被描摹出来。

被收集、加工、整理与使用的数据中，个人隐私已无处“躲藏”，随时都有被泄露的风险。例如，在疫情防控的过程中，公众的自愿配合、医护人员的积极参与、社会管理的高效决策以及大数据的分析应用，共同构成了防疫战线。确诊病例活动轨迹的公布是疫情防控工作的常规操作，但成都确诊20岁女孩行动轨迹的流调信息公布后，随即就有一张具体到时间、地点的活动轨迹图在网络热传，根据其活动轨迹制作的疫情地图，她的身份证号、姓名、家庭地址和照片也被公布在网上，并遭到了网暴，这种个人信息的滥用对其个人和家庭都造成了伤害。

6.2.2　个人信息过度采集引担忧

“数字抗疫”在各国的疫情防控中发挥了重要作用。以色列历史学家尤瓦尔·赫拉利指出，人类历史上头一次，技术做到了时刻监视所有人。在与新冠肺炎疫情的抗争中，通过监控人们的智能手机，数亿个面部识别摄像头，以及人们体温和身体状况的报告，不仅可以快速识别出疑似病毒携带者，还可以追踪他们的活动范围和密切接触者，在此过程中个人信息被过度采集引起人们对个人隐私的担忧。

1. 人脸识别的争议

诞生于20世纪70年代初的人脸识别算法现已成为稳健的生物识别方法，刷脸支付、刷脸通行、刷脸登录、刷脸开机等在我们日常生活中已随处可见，其本质是通过刷脸与预先存储的面部信息进行比较，精准有效地验证身份，实现快速通行、登录、支付等功能，提升社会的运行效率，满足人们方便快捷生活的需求。人脸识别门禁还被用来考勤、监督学生，规范学校学生归寝、请销假等问题。获得我们生物识别信息的不仅有政府部门、街道小区、支付平台、学校医院，还有各种游戏、快递公司、楼宇管理单元等，他们的安全管理水平良莠不齐，个人生物信息的滥用引担忧。2020 年 7 月，有不法分子以5毛钱一份的低价在电商平台贩卖人脸信息，被盗的人脸信息被用于虚假注册、电信网络诈骗等违法犯罪活动。“AI换脸技术”出现之后，只要一张新脸的照片，就可以给视频里的角色换脸。即只要获取任何照片或图画里面的五官，放到任意的视频里面，就可以制作出照片或图画里面人脸的视频。杭州公安部门抓获了两名盗取个人信息的犯罪嫌疑人，犯罪嫌疑人利用AI换脸技术非法获取公民照片进行一定预处理，然后通过“照片活化”软件生成动态视频，骗过人脸核验机制，再通过网上批量购买的私人社交平台账号登录各网络服务平台注册会员或进行实名认证，为犯罪团伙提供黑色产业服务。

个人生物信息中涉及个人重大的人身财产权益安全的私密信息，一旦泄露或者被非法使用，容易导致自然人的人格尊严受到侵害或者人身、财产安全受到危害。例如，运用技术手段骗过支付宝人脸识别认证，并使用公众个人信息注册支付宝账户，或者故意泄露用户的人脸信息以获利。人脸信息诈骗已经对互联网产业的健康发展构成威胁，因此公众越来越重视个人生物信息的保护，害怕获取的个人信息被用在不正当的行为上。在一些确需要实名验证的地方，如政府网上办事、医院在线挂号、金融业务办理等需要人脸识别进行身份验证，但有的地方收集人脸识别信息，超出了必要原则要求，如小区门禁强制刷脸系统、动物园刷脸出入等引起了公众不满。备受关注的“人脸识别第一案”于2021年4月在杭州市依法公开宣判，野生动物世界利用收集的照片作为人脸识别的入园方式，超出了信息收集时声称的使用范围，有侵害他人面部特征信息之人格利益的可能与危险，应当删除包括办理人办卡时提交的照片在内的面部特征信息。生物识别信息作为敏感的个人信息，具备较强的人格属性，案件的审理结果充分考虑了个人信息保护的告知同意原则和最小必要原则，确保人身、财产安全避免受到危害。

央视3·15曝光大型“偷脸”事件

2021年的3·15晚会，曝光了大型“偷脸”事件。人脸识别、视频监控、简历泄露、智能手机信息的数据盗用/滥用事件等被曝光，个人隐私问题再次成为焦点。商户在未征得信息所有人同意的情况下便收集顾客人脸信息，且在顾客毫无感知的情况下就能进行人脸信息的抓拍，并且会自动生成编号，而这些“偷脸”数据则成为商家赚取利润的工具。

2.过度数据采集带来泄露和滥用的风险

数据采集方式的多样和个人信息采集的广泛性也带来了对于个人隐私的威胁。《中华人民共和国个人信息保护法》于2021年11月1日起实施，其中指出处理个人信息，应当遵循合法、正当、必要原则。在2021年秋季学生入学时，很多学校要求填写学生父母职务等信息引起大家的讨论，父母职务信息是必要的吗？其实早在2013年贵州省教育厅就曾下发通知，在新生入学时，禁止进行超范围的学生信息登记，比如学生家长的职务等信息不允许登记。在新冠肺炎疫情防控早期，各地小区物业自制了居民信息登记表，除了基本的姓名、手机号、住址之外，居民还要填写民族、政治面貌、学历、身高、血型、婚姻状况、微信号等信息。在全国不少地区都出现了社区工作人员泄露武汉返回本地人员名单的情况，泄露表格囊括的信息包括人员姓名、身份证号、照片、住址、联系方式、工作单位、就读学校、车票、航班等众多敏感内容，被很多人在微信群、朋友圈中转发，导致了社会舆论歧视和对武汉返回本地人员生活的侵犯。信息泄露给返乡人员及确诊患者的生活带来极大的困扰，不少人甚至接到骚扰电话和谩骂短信。

6.2.3 无隐私社会的到来

1. 生活在“玻璃房”中的瑞典人

“Hitta.se是瑞典最大的网站之一，是那些寻找有关人员、公司、地点和方位信息的人的绝佳选择，我们每周帮助约400万独特的访客进行搜索，完全免费；通过我们简单的搜索功能，您可以轻松找到特定地点的公司/个人、邮寄地址、前往不同目的地的路线等，我们的目标是让您轻松访问所有信息”，这是打开 www.hitta.se网站的介绍。图6-1显示的是某天在hitta.se上搜索最多的人——拉尔斯·帕尔姆奎斯特，他的电话号码、生日、共同居住人、别墅位置与价值等信息在网站上一览无余。

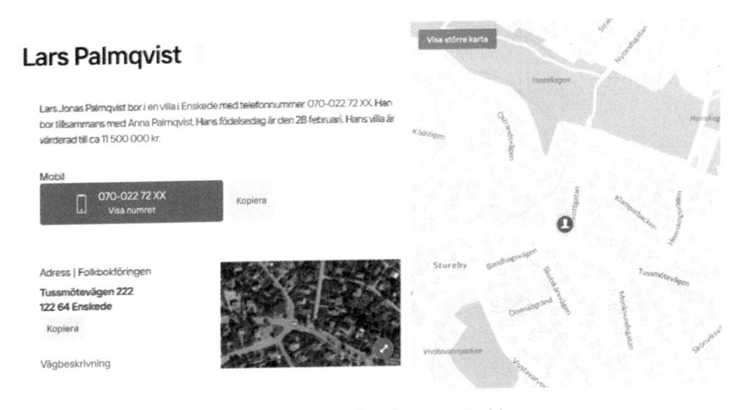

图6-1　瑞典Hitta.se网站

与欧盟其他国家对公开个人信息是否侵犯个人隐私的关注不同，瑞典对这种公开查找涉及个人住址、电话、贷款等个人信息的方式视为习惯。早在1958年，瑞典个人患肿瘤和癌症的记录就已被纳入可查阅的范围，从驾照的违章记录到各个学习阶段的毕业证书等个人资料目前存储在各种公共数据库中，具有权威性和可靠性，并对所有人开放，数据时代这种查找过程更加快捷方便。在他们看来，通过Hitta.se可以轻易地获取你所要查找的个人信息，的确让人感到有点窘迫，但无疑是符合公正和透明原则的。

2. 监视预判人们的行为

很多App年底都提供了针对每个注册用户的数据报告，你的年度消费记录、听歌榜单、相册回忆，甚至你的心情、你想忘却的记忆都被这些App一一记录了下来，我们每个人都成了数据透明人。网上购物，社交媒体的使用，这些行为被量化成数据后，商家通过分析，能更好地了解用户的习惯和喜好，提供更符合用户需求的产品和服务：推送给你常买的衣服类型，你常点的外卖商家，你常看的视频、文章，你想去的旅行地点等，似乎这些互联网企业比我们更了解我们自己。

2018年4月3日，剑桥分析咨询公司丑闻让 Facebook 陷入争议旋涡，但 Facebook 只是众多监视用户的企业之一。哈佛商学院教授 Shoshana Zuboff 称这种商业模式为“监视资本主义”，在其《监视资本主义时代》一书中提到虽然大多数人认为自己只是置身于难以理解的算法之中，但实际上人们面临的是社会长期演变所到达的最新阶段；在这个阶段，森林、河流和煤炭不再是目标，取而代之的，是人类经验成为新的开采能源。Facebook和Google的数十亿利润建立在对用户生活和日常数据的总体分析上，他们通过收集和挖掘人们的原始行为数据，对其进行分析和加工，生产出有效的数据产品，这些数据产品能够帮助他们预测人们未来的消费行为，从而有针对性地投放广告和商品，实现数据产品的潜在商业价值，“以前我们搜索Google，现在Google搜索我们，以前我们认为数字服务是免费的，现在监控资本家认为我们是免费的”。人的一切活动都以数据的方式被记录，并不断产生新的数据，人的行为均由数据构建与呈现。通过数据分析预判人们的行为模式，人的行为、行踪，甚至是精神、意识等内在心理层面的内容被跟踪分析，从而使用户逐渐对这些数据产品产生病态的依赖心理，这将侵蚀个体的自由选择权。人会成为数据的奴隶吗？

6.3　数据伦理

在传统伦理学中，市场伦理、角色伦理、公共伦理等都是关于人与社会、人与人之间关系的探讨。数据时代如何规范数据的处理、利用，是伦理学所需要探讨的重要问题，需要引入数据伦理的视角，更新对市场伦理、角色伦理、公共伦理的讨论。数据时代，人们的一举一动都在互联网这张“大网”之中，人们留下的“数据足迹”能够从冰冷的代码变成关于个人活生生的图绘。

6.3.1　为恶不知为恶不罚

数据的生产要素化与市场化构成了新的经济范式与经济增长点，但是目前数据富集企业滥采滥用个人信息和个人偏好信息，个人却毫不知情，监管机构也难以所察，特别是部分企业以创新为名，行走在灰色地带，为恶而不自知，互联网企业的发展面临着诸多法律与道德问题。

数据权属边界模糊，容易导致市场侵害公众权利。数据在其收集、分析、交易、使用的过程中需要确立不同主体对其所有权、使用权的界定。数据与传统实物的权利体系构成差异很大，在数据使用方面，当前的民事权利体系理论并不足以划清个人与企业的权利界限，为某些企业侵害个人权益提供了方便。在数据权属不确定的情况下，一方面无法保证数据运营行为的合规性，另一方面数据权益被侵害时很难锁定侵权者。在日常生活中，诸多被广泛使用的社交软件平台间疑似共享了诸多个人偏好、消费习惯等信息，而个人却并未被明确告知；同时存在“数据杀熟”“隐私数据盗用”“非法获取数据”等新型侵害民众利益、破坏市场秩序的现象。网络平台借用数据分析和窃取用户说话内容推送相关广告，跟踪用户生活，利用低价交易隐私数据建立用户分析模型以赚取更大利益……民众的隐私数据边界模糊，互联网企业则掌握着利用这些数据的主动权，获取不正当利益。由此，产生了大数据企业与用户之间的信息、权力不对等，民众享有数据带来的便利的同时也成为任数据市场宰割的对象。

数据交易市场规范不健全，容易导致市场信任机制失效、恶化市场生态。统一产品的定价标准是进行产品交易的基础条件，产品定价标准不统一则会使市场交易秩序混乱、破坏交易信任机制。数据是市场中的新型非标品，对于不同用户来说其使用价值不同。目前的数据市场缺乏统一的数据要素定价规则，数据要素缺乏权威、统一的数据流通基础环境。当前，绝大多数的数据交易依靠“点对点”的场外交易方式，缺乏针对交易双方和数据产品的监管，无法保证数据质量，存在大量脏数据与假数据。而在交易的事后阶段，数据“买定离手”，对于交易双方而言很难控制对方数据使用流向，由此，建立信任关系十分困难。由于缺乏统一的定价标准，企业得以利用利润最大化的定价算法区分不同群体，进行价格歧视，违背了市场的诚实信用原则，破坏市场生态。数据作为生产要素正在深度渗透农业、工业以及服务业的革新与发展，是各领域在新时代争先使用的生产要素，数据的定价不仅是数据交易市场内部的问题，同时也深刻影响不同产业的发展。

6.3.2　主体角色认知错乱

社会对于企业、媒体以及公民自身所扮演的角色有所要求，数据时代人们对于不同的社会主体产生了新的期待。企业作为社会经济活动的重要主体应当肩负提高社会生产力、为人民的美好生活创造物质基础的公共责任；媒体作为信息的传播者，应当具备追求并揭示真相，维护社会公平正义的使命意识；公民作为社会活动的核心参与者，应该具有足够的自律意识、理性精神和主动参与的责任感等。

然而，数据有使某些主体获得“超级权力”的结构性风险，正如诺贝尔经济学奖得主约瑟夫 · 斯蒂格利茨所言，人工智能技术的复杂性以及科技企业的优势将使其在相关技术治理准则的制定中拥有一定话语权。科技巨头企业凭借自身在大数据、互联网、人工智能技术以及产品供应上的重要作用，获得了一定的社会治理权力与能力。这将一定程度上提高资本权力的地位，有使企业成为权力主体之一的风险。此外，互联网企业在数据时代也获得了进行价值输出的能力。当企业获得供应链、销售端的完整业务数据后，会进行业务规律的探索。此时，企业已经不满足于跟踪信息，而进一步开始创造需求。譬如，商家利用女性的爱美之心，宣扬“白幼瘦”的审美，借以销售产品。企业获得一定文化话语权，而文化的话语权是具有公共性的权力，涉及人民生活的方方面面以及社会未来的发展趋向，数据企业所掌握的文化权力需要被警惕。

数据时代，信息传播速度更快、传播方式更加丰富的新媒体正深刻影响着社会公众的生产生活。不管是传统媒体还是新媒体，作为被社会赋予信任的公共信息传播者，媒体工作者的本职应当是传播真相、探寻真理。而在数据时代，新媒体从业门槛低，从业人员素质参差不齐，诸多新媒体以流量至上，舍弃真理至上。当今的网络上不乏为博眼球而生产信息的媒体，确证谣言是否为真的工作远不及通过谣言获取热度重要。由于新媒体传播信息速度快、范围广，使得谣言在互联网中影响力强，造成恶劣影响。譬如，知乎上曾有用户以自己身患疾病为由，在短时间内获得15万元的募捐，而实际上这只是个人策划的骗局。真相被曝光后，被骗的网友纷纷表示自己的爱心被透支了，这样的谣言不仅透支了人与人之间的信任，也使社会道德被败坏，从而导致社会道德滑坡。虽然知乎的注册用户集中在有较高学历与生活阅历的人群中，但是他们仍然相信了这个谣言，表明新媒体环境下的谣言具有一定迷惑性。

6.3.3 社会共识缺失

公共秩序的维持是人们在社会中安居乐业的基础，在大数据时代，存在诸多潜在危险威胁着社会秩序，例如公民理性缺失。良好的社会秩序有赖于身在其中的公民的理性精神与自律意识，而这在大数据织就的互联网中正遭到破坏。法国社会心理学家勒庞《乌合之众大众心理研究》描述了他对群众现象的洞察：群众在一定条件下会表现出独立人格消失、盲从大众的无理性状态，在此情况下，则会出现群众的理性判别和思考水平降低的结果。这一洞见在当今的互联网生态中得到了很好的印证。数据平台针对个人的个性化推荐，让人们只看自己喜欢看的内容，人们的思维极容易被固化，并偏执地捍卫自身观点，走向极端，进而由固化变为极化。在这种情况下，观点相同的人聚集在一起则容易产生大众的无理性状态，盲目排斥其他观点，甚至与其他观点发生激烈争执，影响社会秩序。

数据时代网络空间的开放性对社会共识和良好价值观带来冲击。网络空间中不同主体对话语权的争夺日益激烈。网络平台上的讨论依据的不是谁有理，而是谁的观点更激烈、更极端，更具情绪化和煽动性。在这种舆论生态下，事实真相稀缺，理性思考变得越发艰难，戾气也越来越重。网络空间的讨论尤为激烈，但有价值的讨论很少，更多的是互撕谩骂、人肉搜索、人身攻击、恶意举报等网络欺凌和暴力行为。由此，形成了轻内容、重情绪的表达方式，争议性话题增多，虚假信息泛滥，不断聚集着社会负面情绪，影响人民群众的理性判断，特别是对一些信息能力比较差的群体。同时，大量娱乐信息弥漫于网络空间中，网络平台的头条都被娱乐、综艺、八卦新闻等占据，降低了网络空间的严肃性，使其娱乐特性增强，影响了对青少年的正确价值观培育，以上的多种情况都会对良好的网络秩序和共识形成冲击。

6.3.4 生命伦理困境

机器人对人类发起了挑战。一方面，机器人具有超越人类大脑的运算能力、超越人类的身体能力，从而在脑力与体力劳动的方面均具有优胜于人类的能力。另一方面，机器人并不具有人类所谓的“心灵”，即感受情感的能力，因而被人类视作低于人类的存在。而正是这种低于人类的存在，正在诸多行业逐渐取代人类的位置，将曾经的劳动者置于失业的状态，甚至成为劳动者的“新上司”。机器人是否有权剥夺曾属于人类的经济权利？机器人是否应享有同人类一样的权利？没有“心灵”的机器人能否胜任其在社会中的职责？这成为生命伦理需要讨论的新问题。

机器替人现象。根据麦肯锡全球研究院于2018年9月发布的报告显示，到2030年，智能代理和机器人将取代4亿~8亿个工作岗位，其中，重复性劳动以及低水平数字技能的岗位将在未来20年中下降近10%。在劳动密集型产业中，已经集中出现“机器替人”的现象，造成大量工人的失业。目前，人工智能不仅接替了人工的工作，甚至成为工人的“上司”、掌控着工作者的“生杀大权”。美国一个市场调研机构于2018年的调查发现，一大半的公司已经在使用高自动化管理系统来管理员工，通过收集其信息、生物识别数据来检测员工如何利用时间；一名呼叫中心的员工需要学会在接听电话时频繁说“对不起”，以便通过检测员工是否具有同理心的人工智能系统测试。人工智能的权力升级，接管了员工的考核大权。在这些场景中，人工智能因其出色的能力似乎已经能够凌驾于部分人之上，占据一部分人的经济权利。人工智能的发展对传统人类文明社会的伦理构成新的挑战。如何界定数据时代人与技术的关系、如何划定人工智能在人类社会中的地位等成为数据时代需要解决的新伦理问题。此外，机器人在使用中甚至也发生了“机器伤人”的情况，机器人不仅挤占人类劳动者的经济权利的实现空间，也可能对劳动者造成生命威胁，甚至剥夺其生命权。

“无心”的机器人的道德问题。机器人能否成为人的一个重要标准在于，机器人能否像人一样具有道德意识，成为一个道德行为者。道德的一个重要来源是道德情感，比如基础的同情心。而感受感情恰恰是“无心”的机器人所缺失的地方，这也是造成机器人无法成为真正的道德主体的一个困境。在这一情况下，机器人往往是设计者的道德承载体，以设计者的价值判断为行为准则。一方面，设计者的道德能否代表社会主流道德，代表了主流道德是否意味着忽视了少数群体，这些问题使被设计者道德指挥的机器人存在诸多行为问题；另一方面，不同地区的经济、文化状况不同，社会法律也不同，导致无法形成统一的道德标准。这使机器人进行道德选择的能力无法普及化。比如，2014年，麻省理工学院媒体实验室的研究人员设计了一个名为“道德机器”的实验，让人们来决定无人驾驶汽车在紧急情况下的道德决策。结果显示，人们显示出了多元的道德考量。既然机器人无法很好地成为自主的或者被设计者指挥的道德行为体，那么机器人则无法取代人类的道德地位。人类生命之宝贵性也在此得以彰显，人类作为道德行为体的重要性也应当在机器人发展过程中重新获得重视。

6.4 算法隐忧

大数据技术的兴起带来了人工智能技术蓬勃发展，全球已经进入智能时代的新纪元。在人工智能技术发展兴盛的背后，是数据的支撑和算法的实现。传播学者尼尔·波兹曼在《技术垄断》一书中断言，每一种新技术都既是包袱又是恩赐，不是非此即彼的结果，而是利弊同在的产物。人工智能作为一项新技术，以其强大的变革势能，重构了人类社会的原有规则和运作方式。人们在享受着数据和智能给人类带来便利的同时，也承受着被算法支配的恐惧，而恐惧的来源是算法的不透明性。算法的运行模式像一个“黑盒子”，我们为它提供数据，而算法则提供给我们答案，但中间的计算和运行的过程我们无从知晓。正是因为算法的这种特性，也为人类处理数据和保持数据客观性带来了巨大的隐忧。

6.4.1　算法歧视

算法歧视是以算法为手段实施的歧视，主要指在大数据背景下，依靠机器计算的自动决策系统在对数据主体做出决策分析时，由于数据和算法本身不具有中立性或者隐含错误、被人为操控等原因，对数据主体进行差别对待，造成歧视性后果。算法歧视涉及方方面面，最为典型的就是性别歧视、私人定制和不公平的竞价规则。

1.算法歧视产生的原因

算法歧视的产生主要是由于算法本身具有复杂性，加之人们受利益驱使对数据的修改，以及设计者的主观色彩，导致算法执行的结果具有歧视性。

算法的复杂性。算法按照其复杂程度可分成三类，即白箱、灰箱、黑箱。白箱指的是算法是完全确定，灰箱指的是算法虽然不是确定的但是容易预测和解释，黑箱指的是算法难以预测与解释。对于难以预测的黑箱，普通人很难读懂和判别算法本身是否具有歧视性。加之企业对算法知识产权的保护，算法的不透明性明显增加，也使算法公开的难度进一步加大。

数据本身的偏见。人们的主观意愿导致算法被设计出来时就带有偏见，有时候算法被设计的目的是谋取利益，因此人们往往对输入的数据按照主观意愿进行改动，使算法接收的初始数据就具有倾向性。带有歧视的数据经过运算之后得到的结论也带有不公平的色彩。现实中也存在部分人刻意地做出有技术缺陷的算法，以达到长期牟利的目的，这就在一定程度上造成了算法歧视。以人工智能为例，其偏见主要体现在学习过程中吸收了人类文化本身的观念。

设计者的局限。算法开发者和设计者主观上的价值观念使智能算法在设计要求和设计目的上都体现出了不同程度的局限性。因此，他们可能会将自己的偏见带入算法中，从而导致算法将这种偏见延续下去。若过去的经验就带有歧视性，那么算法在使用过去的经验预测未来时，预测的结果必然会在智能算法的学习过程中强化和扩大。

2.算法歧视普遍存在

算法歧视比较典型的表现之一是对性别、种族、宗教信仰等的歧视。波士顿大学与微软的相关研究就证实了算法中的性别歧视，当研究人员向软件提问："男性是程序员那么女性是？"它的回答是"家庭主妇"。弗吉尼亚大学赵洁玉团队的研究也发现，当图片上的男性站在厨房或正在干家务时，会被误认成女性的图片。这种对人类固有的性别偏见被人工智能算法再现并放大。再比如，在谷歌搜索引擎中，搜索黑人的名字时更容易出现"被捕"的广告，并链接到一个可以进行犯罪记录查询的网站，暗示其可能存在被捕记录；谷歌图片和雅虎旗下图片分享网站Flickr，曾给黑人贴上诸如"大猩猩""猿"或者"动物"的标签。算法歧视不仅会造成对特定群体的冒犯，还有可能造成对数据主体法律权利的侵害，使歧视成为社会常态，因此需引起格外的重视。

算法歧视在就业和教育方面也表现得比较突出。比如，亚马逊公司曾建立了一个算法系统，用于分析应聘者的简历以挑选出最佳雇员。但在该公司采用自己的招聘数据训练算法之后，发现该筛选算法对女性应聘者产生了偏见。“女性”一词或者女性特征的出现会降低应聘者的排名。再比如，谷歌向男性推送高薪工作的频率远远高于向女性推送的频率。同样的，高等教育机构通过收集和分析大量申请人的数据，进而做出是否予以录取的决定。在分析的数据中，家庭收入是作出预测的重要因素之一，如果学生来自贫困家庭，那么他将面临入学障碍，这导致歧视的产生。

算法歧视在消费过程中也有明显的表现。卖家按照消费者购买意愿与支付能力将他们区分开来，并且对每一个消费者或每一类消费者群体的需求弹性定价。不同的消费者面对相同的商品却享受着不同的价格和优惠，这种差别定价的形式造成了严重的歧视行为。

6.4.2　算法禁锢

当你打开日常中使用的手机、电脑、iPad时，你会立即得到你想要看到的东西，可能是最近想要购买的商品，可能是恰好喜欢看的视频，也可能是你感兴趣的新闻……而这一切的背后都是依靠日渐成熟的算法技术实现的。算法技术的发展在让我们享受它给我们带来的便利的同时，也将我们禁锢在了经过算法技术过滤后的特定世界之中，最可怕的是我们对此已经习以为常，甚至不知道我们已被算法操控了我们的行为。就像《楚门的世界》一般，我们往往不自知的习以为常，并没有发现我们已经被算法所操纵。

1.算法“喂养”

算法基于用户的过去行为来预测未来偏好，并以此为基础进行内容生产和分发。如果过度依赖技术，以其为单一价值维度，忽视文化创造的规律，那么算法在为用户打开兴趣偏好大门时，也会屏蔽其他内容，让人们陷入同质化的信息流。推荐服务越是精准“定制”、精准“喂养”，越容易导致个体对文化产品的自主选择日渐减退，不同兴趣的人们彼此疏离，难以形成文化共识。

导致这一切现象的背后并不是算法的错，其本质上人才是责任主体。其中包含整个算法各环节的参与者，包括算法的开发者、推广者和使用者，除此之外，算法使用的平台也具有不可推卸的责任。

现如今，我们已经离不开算法为我们构造的世界，算法无时无刻不在影响着我们的衣食住行，私人定制的信息快餐让我们应接不暇。未来，算法能在多大程度上影响人们的工作生活走向，我们很难预估。但有一点可以肯定，算法在一定程度上决定了我们的“信息饮食”结构。

2.“信息茧房”

以这一任美国大选时特朗普被社交媒体提前“下架”为

例，所有能够经常接触到的那些社交App上都已经找不到这位大总统了。在这一现象的背后，是掌握算法的人为大众营造了一个“信息茧房”。我们可以发现，在算法时代，谁掌握了最贴合使用者的算法，谁就会在其领域里占有一席之地，如果能够让使用者建立起自己的信息茧房，落到开发者所精心设计的信息黑洞里，那就不是占有一席之地这么简单了，那可能就是立于不败之地了。

再谈谈算法让我们的选择权丧失的问题。互联网和电视不同，我们过去可以在电视上选择我们想看的频道，收看想看的节目。而以互联网为基础的移动终端的兴起，背后的算法为

信息茧房：信息偏食导致作茧自缚

信息茧房（Information Cocoons）最早是美国学者凯斯·R.桑斯坦（Cass R.Sunstein）在《信息乌托邦——众人如何生产知识》中提出的概念。桑斯坦认为，在信息爆炸的互联网时代，人们更倾向于去接收自己感兴趣的信息，而长期的信息偏食无异于作茧自缚，使人变得封闭和偏执。基于这个假说，许多研究者开始诟病以算法推荐为主导的内容平台，认为算法推荐的内容会越来越窄，因为只会给用户推荐他们喜欢的内容，最后也终会将其生活桎梏于像蚕茧一般的“茧房”之中。

我们推荐的却是根据我们浏览的词条总结出来的内容。若你看了一个负面的新闻，那么你要通过浏览更多正面的新闻对你的行为进行校正，否则琳琅满目的负面报道将会接踵而来。算法的操控者已经为我们量身定做了一套完整的“信息茧房”。我们能否破茧成蝶、脱离束缚，可能还需要激发人类更多的智慧。

6.4.3 数据杀熟

谈起数据杀熟，很多人都感同身受，其主要表现是同样的商品，老客户看到的价格反而比新客户要贵出很多的现象。这使得人们百思不得其解，老用户不是应该有更多的优惠吗？结果却恰恰相反。造成这一切的原因，首先是利益的驱动。平台通过经济手段发展新的消费群，拓展消费业务，实行经济领域的垄断行为；其次，企业手握有关消费者个人生活轨迹以及消费偏好的数据，而消费者对于这些数据如何使用几乎毫无发言权，人们只能是待宰的羔羊。

为什么不同的消费个体会被制定不同的价格呢？以我们的日常生活为例，当我们打车时，软件显示行程预估价格30元，到了目的地发现实际是40元；早晚高峰打车会比上下午打车更贵；苹果手机和非苹果手机用户使用同款软件到距离相同的地方，苹果手机用户的打车费更贵。算法根据不同的客户需求，提供不同的数据结果，导致数据本身失去了其客观性和纯粹性，使消费者深受其害。在过去数据还不够丰富的时候，这种杀熟现象规模小、危害轻，但是进入大数据时代之后，其对消费者的影响程度与过去相比不可同日而语。

在数据杀熟的背后，面对平台引以为傲的“千人千面”式营销，我们不难看出大数据时代用户的个人隐私信息被肆无忌惮地窃取，进而反作用于用户自身，而最终坑害的是消费者的真金白银。消费者应有的知情权、选择权和公平交易的权利似乎都被无形中剥夺。值得欣慰的是相关的规范已经出台，监管部门将依法加强管理，为广大消费者提供一个公平的交易平台。

6.4.4　算法依赖

进入智能时代以后，算法给我们带来了巨大的社会收益。人们越来越依赖算法帮我们处理信息、简化流程、辅助决策，但在这现象的背后却隐藏着巨大的算法隐患。

最近，算法貌似已经跌落神坛，成为“千夫所指”的对象。从《外卖骑手，困在系统里》到《如何拯救困在“算法”里的孩子？用户应有“关闭算法”的选择权》，无一不在向人们说明过度的算法依赖给人们带来的负面影响。比如外卖骑手在赶路，当他到达一个路口时，也许算法为你计算的路线是向右，但是熟知环境的人认为是向左，而听从算法则会导致路程更远，配送超时。这也就引发了我们的思考，我们是否应该相信技术？答案是肯定的，我们应该相信，但是我们更要保持人类拥有的思考和判断的能力，而不是成为被算法操控的躯壳。

例如，面对特大暴雨引发的严重洪涝灾害，我们是否能够依据算法系统统计得出的“救援名单”实施救援？毕竟这是人命关天的大事。若对算法完全依赖，产生的后果又由谁来承担？是算法的设计者，还是部门的决策者？显然这是摆在我们面前的一道难题，这应该引起我们的深刻反思。

6.5 数据霸权

数据的不平等占有对经济社会和国际政治经济格局都有着巨大的影响，数据霸权是数据强势者对数据弱势者的控制，数据霸权的享有者很可能获得数字社会的独裁权力。数据霸权对国家和个人均会产生巨大的危害：在个人层面，既侵害个人人格权，又侵害个人财产权；在国家层面，既整体损害国家数据主权，又具体威胁到国家政治、经济、科技、军事、文化等领域的安全。

6.5.1 数据垄断

垄断总是和无序扩张相伴相生。无序扩张的需求催生了对土地、劳动力、资本、技术等各项生产要素的垄断，在流水线企业中，机器、制造设计机器的人和能够精细操作机器工具的人成为更高级别的生产资料，所以是以垄断机器来实现对生产层面的垄断。在金融资本阶段，其垄断的是资产本身，只是这些资产需要通过金钱、外汇、实物、期货等不同的形式表现出来。伴随着数据时代的到来，数据超越传统的资本成为重要的生产要素，新的垄断格局开始形成，也就是平台型的数据垄断，这种垄断相对隐秘，例如对地图数据、行为数据和人物画像层面的数据垄断，有了这种数据上的垄断，就可以制造各种更为隐秘也更成熟的利益和权力收益。

数据垄断将资本增殖的速度提升到前所未有的水平。数据垄断是数据时代资本无限制发展的必然产物，是数据技术垄断和金融垄断资本的结合。脸书、谷歌、亚马逊等巨头凭借着数据创新能力建立起庞大的商业帝国，其收购行为往往带有进一步整合数据资源、强化数据竞争力的目的，容易加重数据垄断现象。《反垄断法》定义了三种垄断行为：垄断协议，滥用

平台型企业

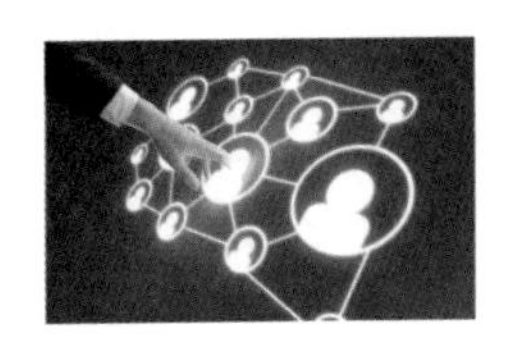

随着技术不断发展，商业形态也在不断地发展，信息化时代逐步衍生出平台型企业。平台型企业突出特点如下：首先，它将需求和供给联系在一起，是面向买卖双方提供服务的产业。其次，平台型企业主要有三种参与角色，分别是平台、供给方、需求方，这三者缺一不可，共同组成了平台的生态链。再次，平台型企业努力满足平台内所有群体的需求，并巧妙地从中找到盈利模式。平台型企业往往具有企业和市场的双重属性，是某个或多个行业的巨鳄。它们如同编织了一张巨大的网，把一切都涵盖在其中。

市场支配地位和排除、限制竞争效果的经营者集中。目前针对互联网公司的行政处罚多集中于“违法实施经营者集中”，共45起案件被指实施经营者集中前没有依法申报。所谓“经营者集中”，指企业并购、设立合营公司等行为，需要通过申报施行事前审查，再决定是否放行。平台经营者的垄断行为，与传统的垄断行为不同，平台经营者垄断行为既包括协议垄断、经营者集中，同时也包括数据垄断和实际控制人垄断。一旦采用数据垄断方式控制市场，或者实际控制人通过关联交易，实现利益的相互输送，那么，我国经济发展将会面临极大的困难。

平台经济领域的行为都是数据行为，或者说平台经济的所有行为，最后都可以解释为数据行为。互联网平台经济规模经济效应明显，市场结构趋于垄断，极易发生“赢者通吃”的现象，而且平台的垄断地位可以跨界传导并不断被巩固。互联网公司已经通过频繁的跨界并购形成了庞大并且封闭的“生态系统”，互联网平台企业构筑“生态系统”，在其中同时作为“运动员”和“裁判员”进行“自我优待”的问题已经引发关注。互联网平台企业之所以能形成“生态垄断”也在相当程度上依靠数据优势，数据垄断的形成很多时候来源于收购，平台企业收购一家公司的目的很大程度上在于获取数据。平台经济在提升全社会资源配置效率、推动技术创新和产业变革、促进国内经济循环各环节贯通、提升人民群众生活便利度的同时，平台垄断、竞争失序、无序扩张等问题也逐步显现，不仅带来影响市场公平竞争、抑制创新活力、损害中小企业和消费者合法权益、妨碍社会公平正义等隐忧，甚至给数据安全、信息安全、经济安全和社会公共利益安全带来风险。产业变了，但是垄断的本质没有变化。数字经济的快速发展，在很大程度上改变了传统产业的边界，并使传统产业发展受到越来越大的冲击，由此引发了人们对资本扩张的担心。如个别企业利用其市场垄断力量侵犯中小企业和民众权益的行为。当一个又一个传统产业纳入数字经济商业生态圈时，如何判断、衡量产业垄断，成为需要深入思考的问题。

在数据时代，大平台公司的垄断行为给反垄断带来了挑战。从垄断的定义出发，如何界定科技和平台企业的垄断？如何判定被调查对象具有市场支配地位？这是反垄断调查的起点，也是主要难点之一。平台企业的某些技术决定了它具有自然垄断的特征，如系统封闭、技术壁垒、算法滥用等。反垄断反对的不是基于技术的自然垄断，不是企业利用技术创新和通过正当竞争获取的市场地位；反对的是由此延伸的市场垄断，反对利用垄断的市场地位侵犯中小微企业和民众合法权益的行为。作为资本无序扩张的新形式，数据垄断可能违反市场公平竞争原则，例如“二选一”构成滥用市场支配地位限定交易行为。目前，反垄断监管的重点仍在市场支配地位的认定上。国内外的几起对互联网和科技企业的反垄断案都与数据有关，包括谁来使用数据、如何使用数据、数据流向何方、是否导致竞争进一步恶化或消费者权益受损。

与此同时，数据垄断和无序扩张还会威胁国家治理主体地位。大型科技互联网企业拥有在数据、算力、算法上的技术优势，使其在大数据、互联网、人工智能等产业中具备一定的操纵能力，在相关技术治理准则的制定中拥有一定的话语权，从而影响国家对相关市场的治理，并逐步固化其垄断地位，进而凭借其垄断地位，进一步侵害国家对数据治理的主导权。此外，市场中的结构性权力往往会出现持续的扩张，大数据发展有使资本获得“超级权力”的风险，数据资本尝试从政府获得一定的社会治理权力与能力，甚至也对国家对市场和舆论的掌控构成威胁，威胁政府主体地位，有使企业成为权力主体之一的风险。20世纪初，美国著名法官Louis Brandeis提出，经济民主和政治民主并不是相互独立的，如果放任某些人的经济权力始终凌驾于其他人之上，那么这些人迟早会利用经济权力来侵犯公众利益。通过反垄断打击市场集中以及由此导致的经济权力，其实是对经济民主的一种保证。

6.5.2 数据剥削

数据为社会和经济发展带来了空前机遇，也给社会公平正义带来了严峻的挑战，出现了数据正义和公平问题。其表现包括：数据鸿沟难以弥合，影响社会公平；数据垄断难以规避，公民权利难保障；数据霸权难以消解，数据与人异化等。

一是互联网平台凭借其垄断地位，汇集资本和数据，压低劳工收入，实施数据剥削。随着人工智能技术的发展和数据分析技术的广泛应用，很多互联网公司都开始在数据上进行深度挖掘和应用，而一旦劳工的数据被全面汇聚，就可以大幅度地对劳工进行筛选和压迫，并进一步完成对劳工行动和流动的控制，从而在不知不觉中实施数据剥削。数据垄断作为剥削的帮凶，可以把劳工压榨到人类极限。最典型的例子莫过于一些平台企业，他们使用数据和算法来限定和剥削骑手和司机，通过数据来评判骑手和司机的一切。曾有研究显示，外卖平台使用大数据平台管理骑手，一个骑手在送外卖的过程中的所有数据都被大数据平台追踪收集，包括骑手的运动状态、到达商家的时间、停留的时长、消费者住址楼层、等待消费者取餐的时长等。所有的数据、每个人的习惯都可以让系统去学习和吸收，而一旦这套系统建立起来，对骑手的压榨也就变得极端起来，系统会根据大数据测算骑手达到的时间，并尽可能地压缩时间，逼迫骑手们用各种办法越来越快地送餐。平台除了通过大数据对骑手进行“压榨”之外，还会通过相关算法对抽成进行不断分析，骑手的收入也在大数据控制之下，一单能挣多少钱、一个好评奖励多少钱、一个差评罚款多少钱都是有计算的，骑手要收入过万，必须跑到相当的单量，付出相当的劳动时间。在数据剥削下的骑手，跑得越来越快，但是单笔收入却越来越低，而平台公司却通过数据降低了成本，得到了越来越多的利润。与其说，他们被算法圈养，不如说他们被看不见的篱笆隔离。

二是互联网企业利用其数据垄断地位，攫取大量经营者和小微企业的利益。在数据时代，谁控制了数据，谁就拥有了竞争力，数据成为部分大型互联网企业的护城河，“二选一”等平台垄断现象频发，数据成为资本集团争夺的核心资源。我国社会主要矛盾已经从人民日益增长的物质文化需要同落后的社会生产之间的矛盾，转化为人民日益增长的美好生活需要和不平衡不充分的发展之间的矛盾。而数据优势者对数据劣势者的霸权却进一步加深了数据鸿沟，扩大了人民群众在数据领域的不平衡，使得互联网平台上的经营者和小微企业在数据竞争中处于绝对劣势，利益被大型互联网企业大量攫取。例如广东餐饮协会曾发文指责某平台的高佣金行为，其对大型连锁餐饮执行18%抽佣，对小型餐饮执行23%左右抽佣。并且，抽成比例还会随着时间的推进、数据的迭代不断更新。互联网平台之所以敢自己决定高抽成，除了其在外卖市场中的绝对垄断地位外，也有其数据垄断的优势。另外，大量小微企业在互联网平台上通过不断试错、不断研究得到有效的市场数据，但这些数据有可能被平台截取，互联网平台从而把平台内的经营者当作“自备干粮的挖矿工”，甚至经营者们从数据的生产者变成自己数据的消费者，还需要花钱买自己的数据。例如2020年11月，欧盟认定亚马逊违反欧盟反垄断法，利用卖家数据为其自营业务牟利。欧盟委员会的调查发现，通过集纳和分析大量卖家数据（如订单数量、卖家收入、卖家报价的点击量等），亚马逊自营业务可以“跟卖”平台最畅销的商品，或者比照卖家数据优化商品定价。国内电商平台也利用其平台经营者的数据，收取经营者的大量排位费，并且向经营者出售其在平台上的数据报告，从经营者和小微企业的利润中获取数据垄断收益。数据时代下，垄断对创新的负面影响已经广泛出现。由于网络效应、行业集中和平台崛起的存在，竞争格局被彻底改变，新进者无法挑战巨头的地位，市场中的赢家能够牢牢限制颠覆性创新的出现。数据垄断所带来的扼杀对手、树立壁垒等行为已经威胁到了中小企业的生存，威胁到了民营经济最具有活力的部分。

三是侵害公民的数据权利，逐渐形成新的数据阶层，存在权力失范的风险。数据市场中企业主体占据权力金字塔的顶端，新的数据阶层正在形成，产生了新的社会公平问题。平台企业采集了消费者的历史交易、浏览偏好、身处位置等各方面数据，并通过算法识别出消费愿望更强烈、消费意愿更坚定的消费者，如果没有有效约束，“杀熟”可能会成为寻求商业利益最大化的自然选择。而且，互联网交易太便捷，只需要点击手机，消费者不易察觉自己被“杀熟”，更不用说保存相关证据。在以前的买卖双方交易过程中，我不了解你，你也不了解我，卖家最多通过聊天、观察衣着等方式获得信息，再根据经验来决定报价。但是在互联网经济里面，平台利用其数据优势，你是谁？你的消费偏好是什么？你愿意付多少钱？对平台来说几乎是透明的。平台完全可以为你量身定制产品，还有量身定制价格，实现对消费者的数据剥削。公众数据相关的权利也在此过程中遭受巨大侵害。数据垄断日常化，违法违规成本低廉，数据与人异化。在数据开拓的新发展天地之中，存在着许多当前法律所未规范的灰色地带，既破坏市场秩序，又容易导致市场侵害人民权利。网站适当的精准推送无可厚非，却也在不经意间剥夺了用户自由选择的权利和机会，一切由算法和数据决定；另外，基于以往的数据进行的大数据精准化推送，实际上是大数据裹挟了社会生产。

总之，数据垄断与剥削在逐渐控制劳动者和消费者的生活，最后可能会推动社会结构向金字塔方向发展，而这并不符合大部分群众和民间财富的长期利益。只有激发群众和小微企业的生产活力，建立具有庞大中产群体的“橄榄型”社会结构，群众和社会财富才能受到长期保护，实现持续增长。平台掌握商家/个体所有的数据，可以清晰地窥见每个人的消费倾向和劳动极限，从而将自己的利益最大化。而且数据开始向极少数人手中集中，人类可能会分裂成两个阶级：极少数人掌握了数据，处于数据优势地位，剩余的绝大多数人都将成为被数据掌控的弱势群体。因而针对数据垄断和剥削带来的经济社会问题，亟须完善数据权利和权益的分配机制。只有解决好反垄断和反剥削问题，在发展数据生产力的同时有效制约资本的无序扩张，才能激发创新活力，解放数据生产力，维护社会公平，实现共同富裕。

6.5.3 数据恐怖

数据恐怖是数据霸权与恐怖主义的结合。恐怖主义的根源，在于不平等的国际秩序，也就是霸权主义。大国推行霸权，弱国无力正面反抗，才滋生恐怖主义。如今，随着数据时代的到来，数据霸权与恐怖主义的结合使恐怖主义实现了“跨越式”发展，使恐怖主义活动由物理空间延伸到了数字空间，全世界越来越多的人可能生活在数据恐怖的阴云之下。

从传统恐怖主义到网络恐怖主义。网络是一柄双刃剑，它在为人们提供前所未有的便利的同时，也因其便捷性、跨界性、开放性等特点而深受犯罪分子的青睐。尤其是近年来，由于各国加大了对传统恐怖活动的打击力度，其生存空间受到挤压，恐怖分子转而将目光投向了网络，网络与恐怖主义的结合导致网络恐怖主义在全球范围内“异军突起”，并已严重危害到了网络安全与国家安全。联合国反恐任务执行工作小组界定的网络恐怖主义包括四类：一是利用网络远程改变计算机系统信息或者干扰计算机系统之间的数据通信以实施恐怖袭击；二是基于恐怖活动的目的将网络作为信息资源进行使用；三是利用网络散播与恐怖活动目的相关的信息；四是利用网络支持具有恐怖活动目的的联络或组织。

数据恐怖是网络恐怖主义的高阶形态。数据为恐怖分子提供了新手段与新平台，恐怖分子不仅将数据用作武器来进行破坏或扰乱，而且把数据作为工具招募恐怖分子、筹措恐怖活动经费、策划和实施恐怖主义活动。日益肆虐全球的恐怖主义威胁，借助数据和信息技术的发展及广泛运用，正逐步化身为比传统恐怖主义、信息恐怖主义和网络恐怖主义的生命力、影响力、破坏力都更为惊人的数据恐怖。数据恐怖的产生和蔓延是多重因素相互交织、共同作用的结果，是网络恐怖主义在数据时代的延续和升级，其行为活动的形式、手段和效果，具有网络恐怖主义的典型特征，但是更加具有渗透性和摧毁力。随着数据的重要地位日益凸显，政府各相关部门、企业均越来越重视对数据资源的管控，高危敏感数据很可能与国家安全、经济稳定息息相关。因此，网络恐怖主义的高阶状态就是攻击目标关键敏感数据，用以操控政府机构、威胁关键基础设施和公共安全。如果不加以有效防范，数据恐怖将进一步冲击国家主体地位，威胁国家意识形态，从而威胁国家政治安全；甚至还会通过修改重要的财经数据扰乱银行系统，诱导国家做出错误的经济决策，导致国家经济体系的崩塌；抑或入侵国家防御系统，通过使国防关键性杀伤性武器自动销毁来削弱国家的军事力量。

数据恐怖将成为数据时代集成化的恐怖主义新形式。数据时代，恐怖主义的发展趋向于综合化、集成化，以网络为对象的恐怖破坏（破坏战）、通过网络实施的线下袭击（协作战）、以数据为载体开展的恐怖思想传播（宣传战）、通过数据实现的恐怖情绪渲染（心理战）等不同的恐怖主义形式，相互渗透融合，形成数据时代中集成化的恐怖主义新形式。数据时代还将为恐怖主义发展提供数据资源支持，加大反恐在情报分析、舆论控制等方面的难度。数据和信息技术可能为恐怖组织或个人所利用，成为其搜集情报、培训技能、组织策划的工具，使其在信息、技术等方面的资源准备更加便捷、精准和充分。目前已有恐怖组织通过搜索技术针对关键时间、关键地点、关键人员等建立数据库，为其恐怖活动提供数据情报。而海量多源异构的涉恐数据的高速实时传播，不仅增加了反恐部门监测、识别和预警恐怖主义信息的难度，更增加了舆论控制的难度。数据恐怖具有犯罪突发性强、范围广、主体分散、犯罪成本低等诸多特征，我国2016年至2018年发生的18个信息型恐怖主义犯罪，均与数据资源有关，未来还需要更好地对数据恐怖威胁进行防范。

6.5.4　数据侵略

数据侵略作为数据霸权的主要表现，是指信息技术发达国家利用技术优势（如制网权）妨碍、限制或压制他国对数据的自主动用，侵犯他国数据主权，以谋求政治、经济和军事等利益。数据霸权的实质是部分资本主义国家实施数据帝国主义的表现，是一种新型的侵略行为，部分发达资本主义国家已经进入了数据侵略阶段。数据主权是国家主权在数据时代的延伸与扩展，数据霸权侵害他国的主权，体现在政治、经济、军事、文化等诸多层面。

在政治领域，利用数据霸权开展监控和舆论操控计划，进行意识形态控制等活动。数据霸权国大打思想文化战，对目标国进行文化渗透，改变人的思维方式和行为方式，侵蚀该国的传统文化，以渐变的方式摧毁“软根基”。并且随心所欲控制数据内容，左右国际舆论，对他国政治制度、意识形态等方面施加影响，从而动摇其执政根基。例如在文化领域，美国凭借信息技术、信息渠道、信息生产的优势利用文化产品进行文化渗透，在全球文化同质化的趋势下，我国面临传统文化丧失的危机，我国价值观念受到极大冲击。此外，某些西方媒体极力歪曲和丑化党和国家的形象，传播西方政治观点与价值理念，开展意识形态领域的渗透活动。网民所知道的是媒介所想让他们知道的，这些虚构、造谣、污蔑等虚假信息对网民产生极大的引导性，以上的多种情况都会在网民思维中对主流意识形态的认同造成威胁。

在经济领域，凭借对数据的垄断，通过创新霸权、平台垄断、制造需求等方式在多个领域施行新型的对外经济掠夺方式，即进行数据殖民主义。数据时代，数据殖民主义具有隐蔽性、侵略性和柔性等特点，其主要表现形式有三个方面：一是通过立法控制访问网络的通道，谋求网络世界的霸权；二是依仗数据位势差撬开别国涉及国家及其社会公民利益的保密数据，如美国开启的“棱镜”监控项目监视和偷窥他国政府和公众的隐私数据；三是利用自身在数据技术方面的优势，限制和压制别国对数据的自由运用，甚至通过垄断数据技术控制他国经济命脉。数据霸权国通过数据技术控制、数据资源渗透和数据产品倾销，利用国际间的巨大“数字鸿沟”，实行新型的对外经济掠夺，进一步拉大了同发展中国家和相对落后国家的贫富差距。

“棱镜”计划：秘密的监视者

据报道，棱镜计划（PRISM）是一项由美国国家安全局（NSA）自2007年小布什时期起开始实施的绝密电子监听计划，该计划的正式名号为“US-984XN”。代号为“棱镜”的秘密监控项目直接进入美国网际网络公司的中心服务器里挖掘数据、收集情报，包括微软、雅虎、谷歌、苹果等在内的9家国际网络巨头皆参与其中。“棱镜”监控的主要有10类信息：电邮、即时消息、视频、照片、存储数据、语音聊天、文件传输、视频会议、登录时间和社交网络资料的细节。通过棱镜项目，国安局甚至可以实时监控每个人正在进行的网络搜索内容。

在军事领域，利用信息技术优势和跨国企业的数据跨境流动，开展新型基础设施攻击和情报搜集行动，进行军事恐吓和威慑，威胁他国安全。网络和数据安全是数据时代下国家安全的重要组成部分。国家重要信息系统已经成为国家的生命线，也成为敌对方攻击的高价值战略目标。数据霸权国可以利用其技术优势，开展“网络战”，利用黑客攻击关键基础设施，对他国实施恐吓、情报获取等行为，严重危害他国军事安全，使国与国之间处在“亚战争”的状态。此外，大型跨国互联网科技公司对全球互联网和数字产业的垄断，使数据和互联网变成帝国主义国家推行霸权的工具。数据跨境流动带来的数据安全威胁，是数据霸权国进行情报搜集的重要渠道，如斯诺登曝光的"棱镜计划"，微软、谷歌、Facebook、雅虎、苹果等美国互联网公司的服务器已经成为美国获取他国情报的主要数据来源。信息战和信息化作战凸显了数据霸权给军事安全带来的极大挑战。总之，数据霸权国所掌握的先进信息技术既可被用来耀武扬威、吓阻敌国的敌对行动，又可被用来窃取军事情报、策反军事人员，还可用于破坏军事部署指挥"大脑"，从而严重危及军事安全，甚至有可能引发新一轮军事竞赛。

CHAPTER 7

第7章 数据开启人类发展新纪元

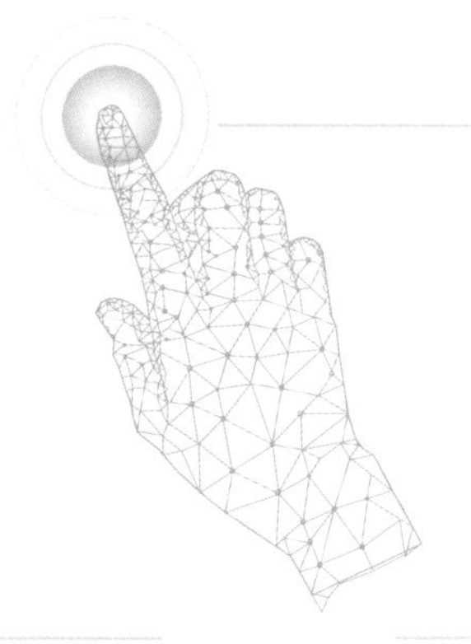

本章核心观点

- 数字空间将是人类生存的新空间，数字化生存将成为人类重要生存形态。
- 数字技术将加快人类文明发展速度、全面记录人类文明变迁、创建人类文明多元形态。
- 人机融合的未来将创造人类与机器和谐共生的社会新秩序。
- 数字文明将推动人类文明形态向着更高阶段不断演进，人类将会继续创造一个辉煌灿烂的新时空。

数据时代，物理空间和数字空间不断交织，数字化生存日益成为人类最主要的生存形态，数字文明的发展将满足人类“自由的生存与发展”的更高层次需求，推动构建人类命运共同体，让数字文明造福全人类。

7.1 拓展人类生存新空间

全球互联网的兴起，使得生活在数据时代的人们越来越深刻地感受到生存空间正在发生着根本的变化。人们生活、工作、休闲的场所不再局限在一个固定的、具体的空间之内，也不局限于现实的物理空间，当前已经打开了一扇通往另一个空间的大门，这个空间就是数字空间。

7.1.1 共融共通：现实与虚拟间的自由穿梭

我们都看过动画片“哆啦A梦”，每个人的心中都想拥有实现自己梦想的“四次元口袋”。其中，最让我们印象深刻的是哆啦A梦的“任意门”，可以让我们在炎热的夏季直通南极，享受冰雪世界的美景；也可以让我们在寒冷的冬季来到非洲，享受阳光为我们带来的温暖。同样的，如果你想要看看那些遥远的星星，“任意门”便可以将它们放到你的眼前，真正做到了“手可摘星辰”。而数字空间的出现，似乎打开了我们目前生存的物理空间的“任意门”，我们在数字空间与物理空间之间穿梭和交互，在虚幻与真实间自由切换。数字空间与物理空间将组成人类生存活动的新空间。

1. 人类生存空间的扩展：真实的数字空间

空间概念的形成与人类的生物进化过程同步。海德格尔曾对“空间”做出过深入的分析，他不同意将“空间”简单理解为单纯的几何空间，而是将空间理解为一个无边无际的“容器”，在这种“容器”中的事物既有并列、远近、排列等位置关系，也有大小、广延、性质等物理性质。海德格尔是从人的存在这层意义上理解“空间”的，拓宽了“属人”的“现实生活世界”。“空间”是一个涉及人的概念，人并不像物那样以“在之内”的方式存在，而是以“在之中”的方式存在。没有人也就无所谓“空间”，“空间”是人的活动的结果，这种活动不仅包括动作活动，还包括意识活动。

物理空间是我们所存在和生存的物理环境。从宇宙、星系等宏观的空间，再到地球上的海陆空的空间，再到房屋、箱柜般的小空间，甚至是原子、分子尺度等微小空间，都属于物理空间。时空特征是物理空间的基本特征。对物理空间的需求是人类基本的生存需求，比如住所、办公场地、安全避难所等。拥有一定的生活和生存的物理空间，是所有生物的基本需求，人类更不例外。

数据时代促使人们对空间认知与应用的思考逐步深入。在互联网、大数据、云计算、人工智能、物联网等技术的支撑下，“数字空间”逐步进入人们的视野，正推动着技术与社会经济和社会生活的融合，为人类社会发展创造福音。数字空间有一个完整运行的虚拟社会形态，包含各行各业的无数数字内容、数字产品等，虚拟人格可以在其中进行价值交换。数字空间是一种特殊的人类活动空间，是从物理空间到抽象空间的跨越，从广度和深度两个方面拓展了现实，成为现实新的样态和新的层次，是人类社会对生存领域的新探索。

物联网、云计算、大数据、人工智能等推动的数字化、网络化、智能化不断构建着人类的数字空间。而且，数字空间不只是新增了一个基本生存空间，它还无所不能、无处不在地影响和改变着人类已经生存了几千年的物理空间。无论你愿不愿意，主动还是被动，你都是在建设数字空间、使用数字空间。数字空间的到来直接引起了人类生存场域变迁，从特定的角度分析，也恰恰是人类这种生存的虚拟时空的转换才助推了人类生存方式的变革与发展。

数字空间是一个特殊空间，而物理空间的基础则是我们所生活的这个现实世界。在物理空间和数字空间交融互联，形成混合空间，最终共同形成人类新的生存空间。而数字空间的沉浸度和体验感则体现在数字空间与真实空间交汇形成的混合空间的重合程度。重合度越高，沉浸感越强，人们越难以分辨出数字空间和真实空间的界限，而这一切联通和实现的基础都是以互联网为基础实施的。很多混合空间实际上是网络实体系统，而不是没有任何真实空间成分的纯数字空间。数字空间可以是现实世界的虚拟映射，通过虚拟世界，能够将朋友或同事远程送到你身边，和你在虚拟环境中共处一室，获得更强的空间感。

随着技术的进一步发展，数字空间与物理空间的界限越来越模糊，甚至有时沉浸其中无法分辨现实生活与虚拟世界。无物不虚拟、无数不现实，虚拟与现实的区分将失去意义。因此，数字空间是人们现实生活世界的重构，它的内容却仍然是人类生活的一部分。

2.数字空间是虚实融生的必然产物

数字空间发展包括数字孪生、虚拟原生、虚实融生这几种形式。起初只是对物理空间的数字化映射，逐渐地通过现实的数据形成了虚拟态的模型，最后构建出完整的运行模式，实现人类在虚实之间的共融共通。数字空间具有比较明显的特点，在其中的人物都有一个虚拟的身份，该身份不一定需要与现实的身份有关，人们可以在其中拥有朋友和社交，并不需要认识彼此。在这里几乎一切都是同时发生的，不同的人物共享这个空间，而不存在异步性和延迟性。

2019年暴发的新冠肺炎疫情阻隔了人们在现实世界中的正常交流，疫情的发展不断蚕食人们在物理世界的联系，也加速了数字世界的完善，人们在虚拟空间中留存和交互的时间更多，对虚拟世界的需求和服务更加开放和认可。传统意义上面对面的机会减少，很多线下的公共活动转移到了线上。而且，现实的工作几乎都在家中完成，人们有更多的时间进行网络上的社交。借此契机，虚拟世界打开了吸纳万物的大门，以其新颖的表现形式吸引了更多的用户。人们在数字空间中以更轻松的方式表达自己，而不用顾忌身份被揭穿，用虚拟的身份开启想要的人生，既满足了心理上的根本需求，又填补了疫情期间居家生活的时间空白。

从技术发展的角度讲，随着虚拟现实（VR）/增强现实（AR）、5G、AI 等技术的发展，让曾经科幻小说中的场景一一实现，为数字空间描绘出一个可见的触摸门槛的机会，AR、VR 等交互技术也在提升游戏的沉浸感。未来，基于 VR、AR 为代表的人机交互技术的发展，将由更加拟真、高频的人机交互方式承载的虚拟开放世界提升人们的沉浸感；5G、云计算技术支撑大规模用户同时在线，而不断推进底层技术的进步和普及，将极大提升数字空间的可进入性，数字空间的社交模式将具有较大规模性。算法、算力驱动渲染模式升级，提升数字空间的可触达性，使其越来越接近拟真效果。数字空间将成为互联网的最终形态，并赋予技术新的生命力。

数字空间是整合多种新技术而产生的新型虚实相融的互联网应用和社会形态，它基于扩展现实技术提供沉浸式体验，基于数字孪生技术生成现实世界的镜像，基于区块链技术搭建经济体系，将虚拟世界与现实世界在经济系统、社交系统、身份系统上密切融合，并且允许每个用户进行内容生产和世界编辑。数字空间从可操作的维度看，不断地拓展其内涵，时代也将更加丰富它的表现形式。

3. 打开数字空间和物理空间的“任意门”

人机界面已经成为人类生活中最重要的一道门户。人在这个界面之间来回穿梭已经成为一种重要的生存方式。数字空间看似是一个虚无缥缈的领域，我们并不能真实触碰到，但是它以数字化的形式塑造人类认知，并以相对独立又互联互通的特有方式向人类宣告着数字主权。这个空间里有完整的数据链条，构建起完备的社交网络、经济模式和社会文明，真实空间所具备的要素都涵盖其中，并自成闭环系统。同时，它与真实世界联通，人们在真实与虚幻间自由穿梭。数字空间依托其独特特征服务人类，又以绝对的数据优势影响人们的社会生活。

与我们生活的现实世界相比，数字空间具有高沉浸感、高参与感的特点。数字空间的原型来自真实物理世界，或者基于人们的社会认知构建而成。辅助于虚拟现实和互联网技术，在数字世界里人们的所感所想、所见所闻与真实世界一般无二。人们从物理空间穿梭到数字空间，可以在数字空间中开启另一段人生，进行社交、工作、学习、生活，也可以通过时间穿梭来弥补真实世界中的遗憾和不足。在数字空间里，每个人都是主角，可以做执剑天涯的侠客，亦可以做指点江山的伟人；每个人都有血有肉，可以体悟人生悲喜，亦可以感慨世事变迁。数字空间中的经历会同样成为人们的社会阅历和生活经验，当人们再穿梭回物理空间，这些经验和阅历将继续影响着人生的轨迹。人们就在数字空间与物理空间的不断穿梭中体悟着更加丰富的人生。

由此可见，数字空间并不是完全的虚无，与现实世界相似，其中同样缺少不了人与物，并且这些人与物形成了新的经济模式。在数字空间里，人和事物并不拘泥于特定的 2D 或者 3D 形式。在数字空间里的一个逼真的3D人物，可以不受真实人支配，他们可以有语言、有动作、有表情、有情感，例如虚拟主播、虚拟偶像等；也可能是另一个真实人的数字映射，受实体人意识和行为的影响，并反映在数字空间当中。当然，不只是人，万物同样可以被“数字化”，衍生出数字场馆、数字街区、数字公园、数字城市等数字化场景。

元宇宙：虚实相融的世界

元宇宙的提法是整合多种新技术而产生的新型虚实相融的互联网应用和社会形态，它基于扩展现实技术提供沉浸式体验，基于数字孪生技术生成现实世界的镜像。关于“元宇宙”，比较认可的思想源头是美国数学家和计算机专家弗诺·文奇教授，在其1981年出版的小说《真名实姓》中，创造性地构思了一个通过脑机接口进入并获得感官体验的虚拟世界。元宇宙（Metaverse）一词，诞生于1992年的科幻小说《雪崩》，小说描绘了一个庞大的虚拟现实世界，在这里，人们用数字化身来控制，并相互竞争以提高自己的地位，现在看来，描述的还是超前的未来世界。

数字空间基于人类的认知产生，又反作用于人类认知。虚拟的并不是虚假的，更不是无关紧要的。数字空间源于真实世界，但又区别于真实世界。某种程度上，数字世界根据构建者的认知而形成，而类似于“元宇宙”“全真互联网”的形成则是基于人类社会普遍达成一致的社会共识。人们通过自我认知加工数据，可能对数字空间产生“牵一发而动全身”的影响。以人为主导的数据衍化和算法计算促使数字空间成为人类认知的表达方式，传达人类的数字思维。相反的，人们在数字空间中经历人生、认知世界、感悟生活，形成了基于数字空间的认知，而这些认知又会反作用于人类本身，填补知识空白，促使人类形成对虚拟世界与真实世界相关联的新认知。人的认知在数字空间和物理空间中共生，难分彼此，自由切换空间维度，通过奇妙的方式达到共融共通，同频同调，为人类构建一个奇妙的精神体验。

全真互联网：互联网时代的新战场

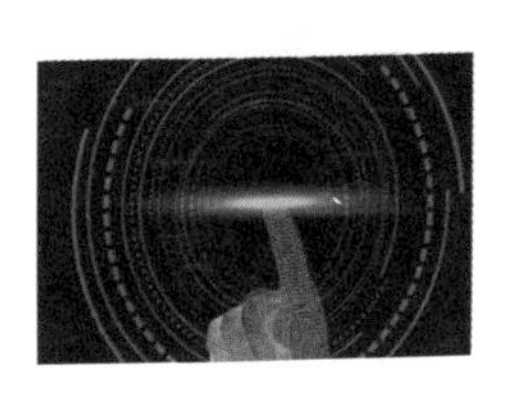

全真互联网（Complete Reality of Internet）是线上线下的一体化，是实体和电子方式的融合。全真互联网的重点在于“全”与“真”二字。“全”是全面，指代万物皆可联系，它建立在实时通信、音视频等基础技术不断升级的基础上。“真”是真实，它打破了横亘在虚拟世界和真实世界之间的桎梏，致力于帮助用户实现更真实的体验，视频化的社交方式、VR 游戏模式等都是最好的体现。这是对互联网更进一步融入社会和服务现实的直抒胸臆，是互联网时代的升级。

7.1.2 数字绿洲：创造人类活动新方式

“数字空间”以前所未有的全新视角为人类开启了技术革新的大门，也为人们的生产生活带来了模式上的变革。人们通过数字空间辅助了解真实世界的同时，也会启迪人们内心，丰富经济业务链条，形成数字社交文化，创造人类活动新方式。

数字空间中体验生活娱乐。在电影《头号玩家》中，构建了一个完全虚拟的游戏世界，在这里充满着城市的喧嚣，玩家以第一视角体验游戏，重塑人生。在这里可以弥补现实生活中的遗憾和不足，满足身心的情感需求，完全沉浸在游戏的体验中享受娱乐的快感。但数字空间并不是单纯的电子游戏，也不是简单的虚拟世界，而是现实与虚拟的流动交换。玩家通过创建角色，实现大型多人在线游戏，并以开放式任务为线索，在AI生成的内容上，可编辑世界，实现社交，交易物品。

数字空间构建新的经济运营模式。在数字空间中有真实的商业交易，而且交易的内容更加丰富。数字化后的人和物在数字空间里都具有数字价值，可以通过虚拟货币完成交易过程。这些虚拟货币又可以兑换成现实世界中真实的收入，从而购买现实世界的商品。可以预见的是数年之后，数字空间拓展了现实物理空间的经济模式，从而衍生出更多的商业模式，也将重塑一系列产业生态。虚拟交易构建出全新的经济运营模式，而且在这些虚拟资产的背后，还会影响到真实世界实体店面的营收。真实世界与虚拟世界的互联互通，使数字空间的经济链条融入人类社会实体经济当中，成为影响经济发展的生产要素之一。构建全球数字空间生态价值链，探索数字空间与实体经济的融合发展路径，打造人类融入数字空间桥梁的美好前景，未来可期。

数字空间形成新的生活方式。人们通过增强现实技术（AR）实现数字空间与物理空间的沟通，用手机扫描脸部，结合人工智能技术推算出适合每位用户的妆容发型护肤品，从而得到生活产品的精准推送。人们通过虚拟试鞋功能挑选自己喜欢的鞋型和颜色并虚拟试穿，看到鞋子上脚的效果，足不出户便可完成商品选购。虚拟现实设备的发展更增加了人们的感知能力，当前AR房屋装修、远程看房已成为现实。人们甚至可以模拟旅游世界景点，尽情享受景点的鸟语花香。

总而言之，之所以要提出“数字空间”，是因为人类社会发展至今，在信息化和数字时代的背景下，人类需要拓展社会空间，并尽可能发挥一切可利用的资源，创造社会价值。“数字空间”是一个好载体、好抓手，因此，要实现经济社会可持续发展，“数字空间”是人类必须去征服的一个科技战略高地。数字空间开拓新能源、新通信、新交通、新制造、新环保等战略经济新领域，其产业化前景将日益明朗。数字空间更是数字化重现真实空间的虚拟空间实验室，能降低实际操作成本，进行多次仿真演练，减少能耗，最大限度避免不必要的事故发生。

7.1.3　数字空间：重塑人生

私人定制的“模拟人生”。身处在数字空间和物理空间融合的新空间中，数字空间成为人类常态化生活空间，人们的人生会更加丰富，遗憾可以弥补，错误可以修改，时光可以倒流。人们可以定制自己的人生，提前预设好自己人生的轨迹，造就自己满意的人生。人类充分发挥数字空间沉浸感、参与感和补偿感的特点，对在物理空间所缺失的在虚拟世界努力进行补偿，修改过去的“耿耿于怀”，使人生不留遗憾。或者，人们提前演练自己的未来，从而科学理智地在人生十字路口上做出合理选择。人们的人生将会更加积极，社会将更加充满正能量。

平行世界的“两栖生存”。数字空间将以虚实融合的方式深刻改变现有社会的组织与运作，人类的现实生活开始大规模向虚拟世界迁移，人类成为物理空间和数字空间中的两栖动物。人们可以创建角色，和朋友聚会、娱乐，而且每个人都可以定义自己的形象，建立自己的活动。虚拟社会关系并没有取代现实中的社会关系，而是催生线上线下一体的新型社会关系。线上活动由原来的短时效性的特点逐渐变为人们生活的常态化生活方式，虚拟世界成为人们现实世界社交活动的补充，成为与现实世界的平行世界。它将成为一个拥有极致沉浸体验、丰富内容生态、超时空社交体系、虚实交互经济系统、能映射现实人类社会文明的超大型数字社区。在数字空间里，不会以虚拟生活替代现实生活，而会形成虚实二维的新型生活方式。人们之间的交集与互通将变得更容易且多元化。数字空间的内容由很多人一起创造，因此也由很多人共同拥有。创造的内容在数字空间中不断地衍化，从而实现内容生成内容的循环过程。

价值创造的“数字财富”。在不远的未来，可能我们的生活模式将会发生根本性的转变。我们可能足不出户，通过互联网，在数字空间中完成工作，创造价值，实现人生。社会经济运转模式发生变革，数字财富占有较大的社会份额，数字空间对真实世界的经济链条的影响加剧。而且，交易几乎在虚拟世界中完成，并通过有效的评估手段计算虚拟资产。也许世界首富的评判标准将变得不同，在“福布斯”排行榜上多了很多善于在“数字空间”中做生意的年轻人，社会财富的分布模式发生变化。数字空间并不会以虚拟经济取代实体经济，而会从虚拟维度赋予实体经济新的活力。人们在数字空间中进行生产、消费、再生产，从而形成闭环的经济链条。虚拟数字化的信息成为维持经济链条完整性的根本保障，从而形成数据融合各经济要素的经济体系。

自由有序的“数字秩序”。“数字空间”在未来将暴露出诸多的问题。由于技术的引导和需求，AI技术和脑机接口被更广泛地使用，虚拟穿戴设备对人体的测量，甚至是对脑电波的测量触及伦理问题的边界。伴随着数字空间中的数据通过现实世界不断输入，更多的真实信息被数字空间所吸纳，个人隐私在这个数据共治的平台被曝光。而新经济模式的形成，也导致了虚拟货币对现实世界的经济冲击。同时，对于数字空间的共同编写和创作，也引起了虚实边界中知识产权的纠纷。因此，为了约束和管理“数字空间”，克服其虚拟性和不可控性，真实世界的法律法规约束在数字空间中生效，虚拟人在犯罪违法之后依然受到惩戒，其背后的实体人也将承担法律责任。

7.2　孕育人类发展新形态

纵观历史长河，人类的生存历史大致可以分为自然生存与技术生存两大阶段，自然生存是指人类主要依靠自然界提供的自然因素维持自身生存的生存方式。随着技术的发展和应用，人类开始从依赖自然生存转向依赖技术及其产物生存，从生存于天然的环境转向生存于人工的环境，从使自身适应自然转向使自然适应自身的需求。在技术及其营造的条件中生存的人类，随着技术的发展和应用的深入，衍生出新的生活和生存形态。生物智能技术支撑人类的全面数据化，数字孪生技术打造全新的数字人和数字生命，人机融合构建人类在数据时代的新型生存方式，新兴科技的发展和应用孕育着人类发展的新形态，为人类的生活和生存提供了全新的可能，数字生命成为整个数字空间中最具生命力的存在。

7.2.1　人的全面数据化

数字技术、生物技术和智能技术交织融合，给数据时代的人类带来了新的属性。进入高度智能化和数字化的时代，人的全面数据化成为未来日常生活和生存的现实，也为实现人类数字化生存提供了可能。

生物识别技术使得人体逐渐数据化。生物识别是一类基于个体独特的生理或行为特征对人的身份进行自动识别或确认的方法。目前人们接触到的生物识别方法主要包括指纹识别、视网膜和虹膜扫描识别、人脸识别、手形识别、声音识别、签名识别、步态识别、基因识别等，未来的生物识别还可能会包括神经波分析、皮肤光泽分析、远距离虹膜扫描、高级人脸识别等。读取器或采集仪、特征提取器、存储生物识别信息的数据库和匹配器等全套生物识别系统，使得每一个人的身体都能数据化。

生物智能技术在兴起与迭代中不断探索人类数据化的边界。在智能终端、移动互联网、人工智能等科技发展的推动下，生物智能技术迅速普及和兴起。如今，人们早已对指纹识别和人脸识别习以为常，我们可能每天都要刷指纹或者刷脸开门、开机、考勤打卡等，生物智能技术早已成为数据时代日常生活的一部分。然而近来生物智能技术的滥用引发了一轮又一轮的讨论，如新闻曾报道各地多家售楼处安装了人脸识别系统用于识别购房者身份，判断来购房的消费者是否是首次看房、是由第三方中介还是售楼处销售首次完成接待等。由于生物智能技术的滥用以及人们对个人隐私问题的关注等原因，不少国家和国际互联网巨头们开始对人脸识别等技术进行联合抵制。比如，IBM在2020年6月发表了一份声明，宣布将不再提供通用型的人脸识别和分析软件，永久退出这一市场。紧接着，亚马逊、微软等巨头也纷纷发布了类似的声明。生物智能技术在效率提升和风险隐忧中兴起与反复，人类数据化的边界仍在实践中不断探索。

生物智能技术使得精准生命治理走入数据时代。生物智能技术使得基于复杂信息的差异化分析和针对人类数据化进行精准治理的机制成为可能，给生命政治提供了新的分析和治理手段。作为一种以个体生命为对象的政治形态，生命政治已经走入数据时代，而普遍的生命数据化是走向精准生命治理的第一步。当我们的指纹、面部识别信息、DNA等生物数据被上传到数据平台上时，精准治理在生物智能技术的支持下走入数据时代——数字生命政治。例如公安系统在2017年采集各地流动人口的面部、指纹、血型、DNA数据并录入系统，同时，将这些数据与过往未结案的重大刑事案件的遗留信息进行比对，大大提高刑侦效率。作为被高度数据化和解析的个体生命，每个人实际上已经数据化，指纹、面部、DNA、行动数据都已经成为个人生命的重要数据属性，针对人类数据化进行精准治理的机制也就成为可能。

“算法化”生存成为人类全面数据化的新生存形态。伴随现代技术特别是人工智能技术的不断发展，“算法化”生存正逐渐成为技术生存的一个重要表征，AI技术通过多种算法进行多重运算，对人类的需求进行预测和满足，对个体的行为进行评估和测试，以使得个体在符合社会规则的范围内活动，“算法化”生存正在成为人类新的历史叙事模式。一般而言，算法是行事规则，数据是原初材料。伴随着农业社会的发展及工业社会的到来，个体从生物人转变为社会人，个体被人口统计学计量之后成为一个个可以评估和预测的数据，个体就完成了“生命数据化”的转变。如今，人口统计已经不能满足高度复杂的社会治理需要，例如警察刑事侦查时需要一些更加复杂的生物数据分析和心理分析。原初的生命数据化主要对庞大数据集合中的离群值进行检测，通过对偏差的主动介入修正来实现差异个体的回归。心理、人格和身体等数据成为社会治理的需要。在这个意义上，越来越多的个体被统计在集体的数据库中，成为海量数据集合中的一员。一旦生命被数据化，意味着生命已经进入生命政治的治理装置之中，他的数据和档案将被录入、运算、比对、分析等，这些数据将成为治理层面维系社会安全和运作的基本方式。新冠肺炎疫情防控期间，得益于国家政务服务平台大力推进各地政务信息的省级互认工程，人口流动健康码跨省互认成为现实，极大推动了我国新冠肺炎疫情的防治工作，这就是人类数据化在现阶段政府治理中发挥巨大作用的生动体现。人类数据化的完成为人工智能算法的介入提供了大量的数据资源，也使得AI技术建构人类数字化生存和人机融合共生成为可能。

7.2.2 人的数字化生存

经过几十年的发展，数字化技术成为未来人类生存的显在技术形式，数字化技术渗入人类生活的方方面面，所带来的数字化生存将是人类最主要的生存形态，人类正处于技术生存中数字化生存的历史时期。随着科技的进步和应用，人们对数字人类的认识也在不断发生变化。早期，人们把计算机生成的数字化拟人形象称作数字人，而随着虚拟现实、人工智能和数字孪生等技术的快速突破和应用，以数字人为代表的数字生命呈现出多样化、智能化和真实化的发展趋势。如今，数字孪生技术打造的数字生命更是从原来物质世界中没有生命的"thing"扩展到有生命的"life"，从原子、器件应用扩展到细胞、心脏、人体和思想意识。

数字孪生技术重新定义了数字人。数字孪生技术是指利用数字技术对物体、系统、流程的信息进行实时映射，完成虚拟仿真的过程。简单地说，就是以数字化的形式对现实实体和系统进行实时地虚拟仿真。数字孪生技术融合了物联网、增强现实、虚拟现实等诸多新兴技术，物联网是实现数字孪生的必然条件，增强现实、虚拟现实是数字孪生的输出方式。自计算机出现之后，科学家们便开始尝试使用计算机设计来替代人类进行某些具有一定危险性的、实验性的工作。因此，早期的数字人经常被称为计算机生成的人类（Computer generated human）。如利用计算机辅助设计（CAD）系统设计出的具有完整人类形象的数字化拟人形象——波音人（Boeing Man）等。随后，该类数字化拟人形象在电影、电子游戏中大量出现。在好莱坞电影中，数字演员大多作为群众演员或者真人演员替身，在实拍的电影中完成真人演员无法完成或很难完成的镜头。而随着数字孪生技术的出现，已经很难再将这些数字化拟人形象定义为数字人类，能够与人类真实互动，甚至是具备“思想”的数字孪生人类才更加符合数据时代人们对数字人类的认知。

数字人成为数字孪生技术在人体领域的一种重要探索。数字孪生本来最早应用于工业产品中，是实物产品全生命周期的数字映射，后来扩展到建筑、市政，再到智慧城市，现在已经扩展到居民及家庭的健康管理。数字孪生中的数字人是创造一个数字版的“克隆体”，可以在人体健康管理、疾病预测等健康服务和医疗服务中发挥更大的作用，比如降低各种手术风险，提高成功率，改进药物研发，提高药物的效用。除了数字孪生健康系统，还可能更进一步地扩展到意识领域，在脑机接口普及前，用于意识领域的数字孪生系统，可能是一些智能硬件。

技术的发展和进步是数字人不断走向真实、产生互动的依托。最初因科学研究目的而被创造出来的数字人类，如今已经渗透到我们日常生活的各个方面。然而不管他们出现在何种场所，有何种不同的名称，都需要在特定的三维软件中经过建模、渲染、动画的过程，最后呈现在屏幕上。而在当今VR的科学研究和商业应用中，数字人类相对于真实世界的人类又通常被称为虚拟人类（Virtual Human）。虚拟现实和现实最初作为对立的两个世界而存在，但现在已经开始相互影响和渗透。混合现实、增强现实、沉浸现实都试图以不同的方式拉近二者的距离。例如“Project Vincent”项目通过实时引擎创建数字人类“Vincent”，他是以与真实人类相似的方式制作的，包括情感表达、毛发和皮肤，现在正在研究通过嫁接AI与人们进行交流的技术，实现能够在各种设备上实时响应。

数字人的时代已经到来。目前，虚拟人、虚拟数字人这些和数字人有关的名词越来越受到人们的关注。2020年6月被《时代》杂志评为“互联网上25位最具影响力人物”之一的网红Lil Miquela，在社交平台上拥有超过300万关注者，并为多个品牌工作。但她并不是真实存在的人类，她是由洛杉矶的一家计算机软件公司创建的数字人类。2021年5月，香港推出首个品牌自创的虚拟代言人“Zoe”，8月18日，明星龚俊数字人亮相于百度与央视新闻联合举办的“百度世界大会2021”上，并且登上热搜。如今，越来越多通过计算机技术生成的数字人类开始进入人们的日常生活和社交生活中，这种极真实的数字人类在现实世界中得到了极大的关注和喜爱。能够肯定的是，人类与数字人类正在共同生活。在人类的操控下，他们足够真实，已经完全融入了人类之中。数字人可以应用到娱乐、金融、医疗、快消等诸多领域，比如在电影中扮演某个角色，作为银行的虚拟客户经理，抑或作为你的虚拟助理，数字人的时代已经开启。

但是，对数字人、数字孪生等技术的争议从未停止。一方面，是对工作岗位被数字人类、人工智能系统取代的担忧。许多专家发出警示，快速发展的数字人很有可能在不久的将来在各行各业上超过人类。另一方面，人类与技术互动的飞跃，正是人类对于生命、存在与爱的深刻思考。如果数字人类随着科技的发展具备了高情商，可能会颠覆人们对生命的定义，数字生命将成为人类留住亲人与爱的新方式。因此，如何在不违背社会伦理、道德的范围内创造技术腾飞，是发展数字孪生和数字人类，以及探索人类数字化生存的重要议题。

7.2.3 人机融合的未来

进入21世纪，人工智能技术以前所未有的力度重塑人类的生活，对人类文化生活、经济运行和社会面貌产生了巨大影响。随着人工智能的飞速发展，结合生物智能和数字孪生等技术，在人类数据化和数字化生存的基础上，人机融合共生是未来的必然趋势。新技术、新产品及其新应用所带来的是物理世界、生物世界、精神世界三者的整体变革与整体秩序构建，是一个人类与机器和谐共生的社会新秩序。

人机融合的本质是通过机器或外部设备增强人类自身功能。科幻作品中，拥有自我意识的人工智能是铁打的主角。AI的智商越来越高、行动越来越敏捷，衍生出人类一直在探讨的问题——人类究竟是机器的母亲还是其孪生姐妹，或者AI就像我们的眼镜一样，可以帮助我们看向更远的未来？自1956年人工智能概念诞生以来，大数据、云计算、机器人仿真等多项科技已经被广泛运用到经济社会发展和人们的日常生活当中，并给人类的生活带来诸多重大利好，革命性地重构了社会生活和个体行为方式。如今，新一代的人工智能充斥着生活的方方面面，在带来生活便利化的同时，潜移默化地改变着人类的生存方式。从日常所需到复杂难控的游戏，人工智能已在众多原本由人类主宰的领域“一显身手”，“智能化”成为人类在数据时代的全新生活方式。

随着人工智能技术的发展，人机融合不断进入大众视野，受到越来越多的关注，并与人类生活的相关性越来越高。人机融合的起点是人机交互，作为人工智能应用的重要环节，人机交互也经历了简单的界面交互到智能交互的技术演变。在万物互联的时代，人机交互不限于传统的人与计算机的交互，而是试图做到人与全部智能设备全方位的交互，包括智能交互和情感交互两方面。深度学习是让机器可以从未经标记的数据展开学习，通过训练，机器将自行掌握概念。与传统的人工智能相比，深度学习在大数据处理领域有非常明显的优势。只要与大数据处理相关，都将受益于深度学习算法，它就好比未来各领域发展的基础燃料。没有了人类思考能力的机器人俨然是一具套上了华美外衣的空壳子。随着深度学习、人机交互等技术的不断发展，人机融合在日常生活中日益普遍，不断满足人类生产生活需求。人机融合的普遍运用，助力人类汇集大量碎片化的信息，从而产生喷发式的能量。如智能眼镜不仅可以进行地图导航、拍摄照片和视频、与朋友展开视频通话等活动，还对用户的视力有很强的保护作用。而对于企业的经营，人机融合可以帮助其通过大数据分析，更快速精准地分析目标群体的性格，以便做出最优选择。可以预见的是，人机融合共生是人类在数据时代发展的必然趋势。

人工智能在给人类带来更便捷的生活的同时，也引发了诸多如失业、隐私安全、数据独裁、数据垄断、算法偏见等矛盾，同时，也冲击着传统的社会伦理秩序，引发社会的广泛关注。2016年，阿尔法狗（AlphaGo）与围棋世界冠军、职业九段棋手李世石进行围棋人机大战，以4比1的总比分获胜，它让我们感受到了人工智能的魔力，但它可能带给人类的改变与挑战也让人类大呼：机器人来了。但当时，它还没有真正地走近我们的生产生活。然而，随着人工智能的不断发展，机器人越来越智能化，它们不仅仅能与人进行象棋博弈、像人一样地进行表演，而且开始慢慢地取代人从事各种生产工作。不仅如此，快速发展的人工智能很有可能在不久的将来在各行各业超过人类。电影行业人工智能的研究人员预测，到2045年，人工智能将会取代人类在好莱坞的主宰地位，它们能够编辑、剪辑影片，甚至还能创造出电影中的真人角色；牛津大学的人类未来研究所，耶鲁大学以及AI Impacts的一项研究表明，50年之内，人工智能将在翻译、驾驶甚至论文写作等各方面全面超越人类。机器人开始逐渐地渗透到了我们的生产生活中，生产力革命似乎就要发生了，人类与机器人的关系也变得微妙起来，这不禁让人类大呼：机器正在取代人！

人工智能在很多方面的表现十分出色，但对于“人工智能能否取代人”这个议题的简单评价显然过于武断。人工智能正在改变人类的劳动形态和生产生活结构，这一点毋庸置疑。未来，越来越多的人正在加入由算法技术所构建的平台就业领域。当算法取代人力对劳动、就业进行管理和规则制定时，我们看到了更加细致、情境化的改变：一方面，算法技术更加精于计算，在提升总体劳动效率的同时，也增加了劳动付出所需要的精力和时间；另一方面，技术的管理也改变了人对于时间、空间、关系的感知方式。在某种程度上，人类在为算法工作，人的行为受到算法支配，人的生活也在方方面面受到算法的影响，人工智能通过海量的数据和算法的确在重塑着人们的科技生活，延展人类认知的边界，我们在后科技时代究竟应该如何处理个体或人类与科技的关系是一个值得我们思考的问题。

科技向来是把双刃剑，人工智能自然不例外。当人类开始操控智能机器抑或是数字人，他们也许会成为一种威胁。技术在改变世界，但同时也在改变我们。人工智能既可能是充满想象的新领域，也可能是因人类骄傲自负而坍塌的巴别塔。无论人机关系是乐观主义的利用与被利用关系还是悲观主义的取代与被取代关系，现阶段技术和文明都正在逐步融为一体，变得难舍难分。在讨论机器是否会取代人类的议题之外，人类如何拥抱未来的议题也在不断被探索。人类所独有的生物算法中蕴含着共情、好奇、想象和创意，这些算法经由历史沉淀所成，又带有生物体特有的共同经历叙事，这是智能算法无法企及的，对于此，我们要做的不是思考算法是否会取代人类的问题，而是人机如何“和谐共生”的问题，即算法和人类如何更加融洽地相互理解、实现共生，使得算法在这个生命数据化的时代尊重个体情感和隐私，更好地为人类服务。因此，人类在发挥创造新事物的想象力的同时，更需要的是一种对人工智能的谨慎，这种谨慎将使人类更谦虚、更理智地发挥技术的潜力，实现人机和谐共生。

7.2.4　人类会永生吗

健康长久地活下去是一个生命体和物种在进化中不懈追求的事情，而探索永生一直是科学界的课题和难题。一些高科技公司已经专门成立了永生技术研发中心。2020年，美国未来学家、奇点大学创始人库兹韦尔提出了一个大胆预言：“人类将于2045年掌握永生技术，实现永生！”纳米机器人、数字人类和技术奇点等是该预言实现的技术和实践基础。

1.纳米机器人：人体永生的可能

早在1959年，诺贝尔奖得主理查德·费曼就第一次提出了纳米技术的设想：人类将有能力创造出一种微型机器，这款

技术奇点

技术奇点是根据技术发展史总结出的观点，它认为技术发展将会在很短时间内极大接近于无限的进步，从而完全超乎全人类的想象空间。技术奇点巧妙地借用了物理学上奇点的概念。在物理学上，奇点可以理解为引力接近无穷大时产生的黑洞的物理属性，它已经超出一般正常模型所能预测的范围。如果技术奇点发生，那么一些科学幻想中的技术，如人脑意识的数字化、无限的生命、超越光速等，都将成为现实。

机器只有分子程度的大小，存在于极小空间中，可以作为构造基层的微型部件。纳米机器人可以应用于医疗领域，它们的体型可以进入人体，在非常狭小的空间里构建物质，拥有将分子重新组合的能力，对物体的构造有着强大的控制力，甚至可以通过在大脑中植入芯片，和纳米机器人建立连接，精准定位需要修复的身体部位，修复损坏的人体物质，甚至杀死癌细胞。总之，纳米机器人就是一个人造的免疫系统。美国哥伦比亚大学Lund K等人研制出一种由DNA分子构成的纳米蜘蛛机器人，能够根据编程自动且不间断地在人体内巡逻，寻找癌细胞的藏身之处，杀死恶性肿瘤，从而为癌症患者提供强有力的治疗支持。此外，人类的大脑可能也会在纳米机器人的帮助下更加发达，从而显著提升人类在语言表达、逻辑推理和思维判断等方面的能力。比如谷歌X实验室生命科学小组试图通过纳米磁性粒子链接人脑和外界系统，从而实现人脑的进一步开发利用。

为了实现人体的永生，人们还在研究探索DNA和基本的生物生命组分中的数字排序和合成的数据信息。一些生物遗传公司正在进行干细胞和基因数据研究，试图通过基因改造人类的脱氧核糖核酸，从而改造人类的遗传数据，阻止甚至逆转衰老。用技术、芯片、纳米微粒和人工合成的微生物生命形式填满人类的身体，在某种程度上阻止人类细胞衰退变老，从而实现人体永生。

2.数字人类：探索记忆和思想的永生

数字人类已经成为人们思想存在与不朽、留住爱与思念的一种重要探索。通过将人一生的信息数字化，打造数字人类，从而延续人类生命，这是当代的信息技术和生命科学的共同运用。有科学家曾提出设想：将大脑里封存的记忆和思维方式数字化，然后通过云端程序保存下来，从而通过数字人类的形式继续活在计算机的模拟世界中，以此实现意识上的永生。当一个人的数字孪生备份档案被充分记录，比如一个人过往的一切记忆，包括各种技能、身份、经历、禀性、情绪模型、医疗档案等，然后通过数字孪生技术，实现人和孪生系统对话、互动，孪生系统从意识层面完全复刻一个人，个性一模一样。当人去世后，孪生系统仍可以全息虚拟模型演化一个人，并可与他的家人、朋友、陌生人互动，在数字空间里长期存活，在某种程度上实现永生。HereAfter的创始人詹姆斯·弗拉霍斯（James Vlahos）就曾创建一个名为“Dadbot”的软件程序，用摄像机录下其与父亲在去世三个月前的谈话，最后训练出一个对话AI“Dadbot”，让父亲“永生”。

“AndyBot”则可能成为世界上第一个通过数字人类实现永生的例子。据《华盛顿邮报》报道，间谍小说家、好莱坞编剧安德鲁·卡普兰（Andrew Kaplan）在78岁时决定同意成为“AndyBot”——一个数字人，他将在云上永生数百年，甚至数千年。如果一切按照计划进行，未来几代人将能够使用移动设备或亚马逊的Alexa等语音计算平台与他“互动”，向他提问，听他讲述故事；即使在他的肉身去世很久之后，人们仍能得到他一生经验的宝贵建议。由于虚拟助理设备越来越普及，使用率也在不断上升，正在构建的是一个更复杂、更人性化的虚拟模型，不仅是听录音和AI对话，而且是进一步与逝去人的“虚拟形象”进行互动。目前，Eternime、Nectome公司都在进行相关的商业活动。其中Eternime已有超过44000人注册，将“记忆、想法、创作和故事”转变成他们智慧的数字化化身，并无限期地活下去。Nectome则专门从事记忆保存的研究，希望其“高科技脑防腐处理”终有一天能让大脑以计算机模拟的形式复活。Vlahos的公司则采用订阅模式，允许用户每月付费与“数字亲人”互动。经过适当的知情协议，非亲属也可以购买“数字人”订阅。

3.技术奇点：从物质生命到数字生命

近几年，随着生物智能、数字孪生、人工智能等生物技术、数字技术和智能技术的快速发展和普遍应用，人类对物理世界中的躯体重要性有了更多新的认知，以躯体为中心的永生追求已被突破，人们逐渐意识到身体是可替换的、可升级的，甚至在以硅谷为代表的诸多地区，人类的肉体被当成一种需要摆脱的负担。脱离物质生命，走向数字生命是对未来人类生存形态的超级幻想，技术奇点和数字不朽作为人类生命与技术交织的愿景，推动着人类向新的生存形态发展，从而将人类从物质生命周期中解放出来。在技术奇点的愿景中，人类将转化为彻底的数据，也就是真正实现人类身体、社交关系、精神世界等的全面数据化。“万物皆数据”，人体和其思想都可以映射到数据中，以数据的形式来表达，在这一纯粹的形式中，人类就是数据。基于人类的全面数据化，我们可以探索人的数字化生存，也可以将人类数据存储在携带计算设备的假肢中，达到另一种人机融合共生状态。在这一愿景中，人类可以避免细胞衰老，可以避免肉体腐烂，可以实现基于数据的或物理或精神层面的永生。

尽管技术奇点目前主要是出现在科幻小说的幻想里，但是像埃隆·马斯克（Elon Musk）这样的亿万富翁已经投入了大量金钱在现实生活中进行探索实践，致力于在有生之年创造一种代替人类肉体的永生愿景。这是超越人类的愿景——人类作为数据、信息、数字生命的全新生存形态。也就是说，人类即将由物质生命走向数字生命。面对全球气候剧变和物质能源持续消耗的未来，人类作为碳基生命的生存形态面临着极大的威胁，毫无疑问，未来物质和能源资源在地球是稀缺的，不足以维持全体人类的生活和生存，而技术奇点和数字不朽的愿景清楚地向我们表明，作为数字生命的增强型人类发展新形态可能是唯一能够适应这种未来的人类形态。

7.3 开创人类文明新时空

与传统的农业文明、工业文明、信息文明相比，数字文明更具变革性，是最活跃的文明形态。数字文明带给我们的不仅是新技术、新观念、新模式和新业态，而且这些新技术、模式等与人类社会深度融合，对人类生产生活以及社会经济形态、国家乃至全球治理等各方面都产生了深远的影响，开启了一个全新的人类文明新时代。

7.3.1 形成文明演进新方式

1. 加快人类文明发展速度

数据作为数据时代的核心资源和关键性生产要素，与其他物质资源相比，其最明显的特性便是共享性。数据价值的实现依赖数据的共享，并且共享的范围越大，数据所实现的价值就越大，数据的价值是1+1>2，不是呈直线比率，而是呈指数型、几何比率增加，数据通过共享不断实现价值倍增。数据的这一特性决定了在数据时代，人类必须依靠共享这一制胜法宝，创造出更高的价值，否则就会限制数字文明的发展。

数据所特有的共享性加速了人类文明的传播和发展。萧伯纳曾通俗又贴切地形容思想共享的价值："你有一个苹果，我有一个苹果，彼此交换，每人还是一个苹果；你有一个思想，我有一个思想，彼此交换，一人就有两个思想。"传统的物质资源越分享所得到的越少，而数据资源通过共享所获得的则越多。数据的这一重要性质，在大数据的助力下更加显得意义非同寻常。我们处于数据时代，伴随着移动互联网的发展以及手机等智能设备的普及，人与人之间实现了泛在的互联，人们的社会关系也越来越多地通过网络在线上展开非接触性的互动联系，人类的交往时间逐步延长，交往空间不断扩大。我们无时无刻不在与他人交流经验、共享数据：如在网络上消费点评、互送邮件，在社交媒体上的即时联系、发表看法，这些数据共享行为早已融入人们的日常生活之中，成为人们的生活习惯。"人人参与、人人分享"已经演变为日常生活中的一种极为普遍的现象。同时，借助信息技术搭建的实时、便捷的交互性桥梁，不同国家、不同地域间的交流互动也日益扩大，促进了文明间的交流和发展。

正是由于共享，各种信息传播的速度和广度都空前提高，人类的知识储备不断增加，社会文明也不断延续和发展。"网络的本质在于互联，数据的价值在于共享融合"，数据只有在不断流动之中充分共享，才能实现其价值，社会文明也才会不断传播、发展。所以，数字文明也可以理解为是一种共享文明，数据的共享性借助人的各种数据行为开出绚烂的人类文明之花。

2. 全面记录人类文明变迁

文明是靠沉淀积累的。在数字文明社会，万物互联、一切皆可“数据”，一切都可以转化为数据化的形态，一切都可以被记录，并且这种记录是标准化的、机器可以理解的、世界通用的。是否具备可以条分缕析的记录体系，是判断一个社会是否高度文明的重要标志。从古代史官一笔一画书写的史书，到印刷术的发明提高文字记录能力，到黑胶、CD等存储介质记录声音，再到达盖尔制成第一台实用的银版照相机记录图片，再发展至如今的个人电脑和智能手机，从文字到图片、从音频到视频等不同类型的数据都能被记录，记录设备越来越常见，记录的手段也越来越方便快捷，记录的内容也越来越通俗易懂，记录的共享和传播速度也越来越迅速，远在大洋彼岸发生的事件，须臾之间即可传播到我们身边。

文明源于记录。在数据时代，随着互联网和数字化技术的发展进步，记录更加普适化、数字化，任何信息都可以用二进制数字“0”和“1”组成，再借助强大的互联网实现数据互联共享，万事万物都可以由数据定义。公众的日常行为通过各种应用被记录下来，虽然各类应用功能多样，专注领域不同，但它们的基础功能仍然是记录。以当前各类App为例，微信记录社交数据、支付宝记录账单数据、京东记录消费数据、高德记录交通出行数据。与传统的商业模式不同，这些互联网企业都是基于数据来创造价值的。只要人们使用各种应用，互联网就会记录。印刷机把记录的结果传送到人们手上，把每一个人都变成读者，但互联网是把记录的权利开放给每个公众，我们每一个人不仅是读者，更是内容的生产者，人人都拥有一部比印刷机还要强大的记录机器。这些记录通过互联网不断“互联”，为整个社会构建了一个记录体系，互联网演变成整个社会全面记录的基础设施，而且这些记录可以被分解和组合，全面记录人类文明的发展变迁。

与此同时，数据的标准化也为不同民族、不同国家、不同文明间的沟通交流提供了平台，打破了不同国家和文明交流中的时空界限，并以其实时、便捷的交互性搭建新型的社会关系。基于此，不同文明间的数据流正在以几何级数增加，而这些数据正是不同文明间交流发展的记录。

3.创建人类文明多元形态

多元性和标准化是数据时代下人类文明发展的两个基本方面，二者是相辅相成的，并不矛盾。数据的标准化是因为人类命运休戚与共，“没有哪个人或哪个国家是一座孤岛”，随着经济全球化、社会信息化的发展，各国利益紧密相连，人与人之间也需要互联互通，人类命运共同体成为世界发展的最优解。在这个大趋势下，可以有不同的方向、不同的途径，这就是多样性的魅力所在。

毫无疑问，人类需要多样化的生活，但我们可以发现，各个城市间的发展越来越相像，因为文明有一个总体的方向和发展趋势。每一条河流都有自己的独特航道，但都朝着一个梦想和目标努力，才汇集成磅礴壮阔的世界文明海洋。多样性是社会发展的源泉之一，也是人类文明的本质属性。正如生物多样性造就出大自然的多彩音符和绚丽美景，文明多样性描绘出多姿多彩的人类社会图景，它是人类社会的基本特征，也是文明发展进步的重要动力。标准化的潮流并不会影响人类文明的多样性，相反，多元的数据会促进社会文明的多样化发展。数据时代，借助各种数字化技术，不同文化和艺术的创造、生产、传播方式越来越多样化，诸如我国借助数字技术对敦煌石窟进行数字化采集，将图像、视频、三维等多种数据和文献数据汇集起来，构建“数字敦煌”资源库，并通过互联网向全球共享，向世界传播中国优秀的传统文化。此外，多元化的数据借助互联网平台，在全球范围内传播，实现了不同文化间的交流和碰撞，促进了不同文明间的相互借鉴和交流学习，并演变为文明发展的巨大推动力，为人类文明的前行注入强大生机与活力。

数据时代，在现实世界之外，我们借助数据构造出一个虚拟的数字空间，在数字空间之内，世界互联互通，现实世界中的时空界限被打破，可是在数字空间之外，人类社会仍然是多样化的、姿态万千的多元生态系统。毋庸置疑，数字文明的发展会让未来成为一个万物互联、数据互通、更加多样的智能世界，人类文明的浪潮也必将朝着更加多元化的方向发展，社会文明形态也必将更为多样化。

7.3.2　谱写人类文明新篇章

1. 开拓人类文明新空间

数字文明中，人们对空间认知与应用的思考逐步深入。在互联网、大数据、云计算、人工智能、物联网等技术的支撑下，“数字空间”已经进入人们的视野，它能够映射现实物理空间物质属性和社会属性，不断推动着技术与社会经济和社会生活的融合，拓展了人类的活动空间。

数字空间形成特有的文化传承，人类文明的传承也变得更加多元化，“数字空间”形成的社会文化和文明成果都将以数字的形式传承下去，成为物理空间人类文明进步和繁衍必不可少的一部分。在共融空间的新社会中，人们思想的交流和思维的碰撞更加顺畅，方式更加多样，人们以更加自由的方式进行文明间的交流。通过互联网技术将人们在数字空间中联系到一起组成新的社交群体和网络社区，在这里人们以虚拟身份展现自我，传播思想。社会形成基于数字空间的新文化，并以网络为媒介继续传播和延续。虚拟文明并不是不重要的文明，而是现实文明的补充和发展，是人类文明未来发展必要的组成部分和重要元素，表征着一个时代的显著特点，记载和传承着珍贵的信息供后人研究和学习。

文明的每一次重大飞跃都需要我们突破现存的界限。通过理解和界定世界的边界，我们有效地将未知变成已知然后再进行突破。当前，数字空间的范围持续扩展，现实物理空间与虚拟的数字空间不断交织叠加，数字文明也在更大的空间范围内不断拓展。

文明的发展本质就是不断解放生产力，文明的发展是人类生产方式改进的结果，并且有其自身的演进规律，每一次的演进都将人类文明推向更高的阶段。从文明的演化来看，当前文明的发展是辉煌伟大的，从更宏观的大历史角度，人类文明的时间和空间还有很大的发展空间。未来，在数字文明的引领下，人类的认知方式和对世界的探索将不拘泥于现有发现，将驱动我们了解更长周期的人类文明，延续更长时间的人类文明，人类文明从时间和空间上不断得以演进和深化，数字文明将引领人类继续向前发展，人类将会继续创造一个辉煌灿烂的新时空。

2.引领人类文明向更高阶段发展

文明的产生是自然环境与社会环境互相作用的结果，文明的发展是人类通过不断改变生产方式推动的，文明发展的同时也遵循着交相更迭的规律。自人类社会发端以来，人类文明就进入了一个漫长的演进过程。从原始文明、农业文明、工业文明到信息文明，每一次新文明的诞生都代表着文明形态的重塑和社会的变更。

随着大数据、5G、云计算、区块链等新一代信息技术的发展和广泛应用，人类向数字文明的过渡大幅跃进。特别是进入21世纪以来，以数据为主要形式的生产生活方式向经济、政治、文化、社会各个领域的渗透，不断推动了人类社会各领域向数字文明时代转型。延续原始文明、农业文明、工业文明、信息文明的发展，数字文明成为信息文明发展的高级阶段，是一种全新的人类文明形态。它是一种以海量数据和高科技为主要特征的文明形式，是对传统文明形态的巨大变革，其发展的核心是互联、共享。数字文明是人类对传统文明进一步发展的成果，是人类文明形态、发展理念和道路模式的重大进步。

尽管从文明的演化来看，人类文明的发展是辉煌灿烂的，但从更宏观的大历史角度来看，人类只是地球历史中的组成部分而已。人类文明只是宇宙中的一个很小的部分，我们对宇宙的了解还非常有限。人类向数字文明的演进过程仍然任重而道远，需不断探索未知的领域，推动人类文明形态向着更高阶段不断演进。

参考文献

[1] 张燕喜.劳动价值论——经济学界一个永恒的话题［J］.中共中央党校学报，2006(03)：57-61.

[2] 何玉长，刘泉林.数字经济的技术基础、价值本质与价值构成［J］.深圳大学学报（人文社会科学版），2021，38(03)：57-66.

[3] 郭明军，安小米，洪学海.关于规范大数据交易充分释放大数据价值的研究［J］.电子政务，2018(01)：31-37.

[4] 钱毅.技术变迁环境下档案对象管理空间演化初探［J］.档案学通讯，2018(02)：10-14.

[5] 安柯颖.个人数据安全的法律保护模式——从数据确权的视角切入［J］.法学论坛，2021，36(02)：58-65.

[6] 何柯，陈悦之，陈家泽.数据确权的理论逻辑与路径设计［J］.财经科学，2021(03)：43-55.

[7] 余筱兰.公共数据开放中的利益冲突及其协调——基于罗尔斯正义论的权利配置［J］.安徽师范大学学报（人文社会科学版），2021，49(03)：83-93.

[8] 尤瓦尔·赫拉利，林俊宏译.今日简史：人类命运大议

[M].北京：中信出版社，2018：55-90.
[9]大数据战略重点实验室.块数据2.0：大数据时代的范式革命[M].北京：中信出版社，2016：284.
[10]马克思恩格斯选集（第1卷）[M].北京：人民出版社，1995：611.
[11]Floridi E.The Cambridge Handbook of Information and Computer Ethics[M].Cambridge University Press，2010.
[12]OECD Publishing.OECD Glossary of Statistical Terms[M].Org.for Economic Cooperation & Development，2008.
[13]Rob Kitchin.The Data Revolution：Big Data，Open Data，Data Infrastructur-es and Their Consequences[M].London：SAGE Publications，2014.
[14]大数据战略重点实验室.块数据5.0：数据社会学的理论与方法[M].北京：中信出版社，2019.
[15]何燚宁.个性化新闻推荐系统中算法的把关行为比较研究[D].河南：郑州大学，2019.
[16]李海敏.数据的本质、属性及其民法定位——基于数据与信息的关系辨析[J].网络法律评论，2017，22(02)：3-18.
[17]王永昌.价值的要素[J].哲学动态，1987(01)：35-36.
[18]何汇江.大数据背景下定量社会研究方法的创新[J].河南广播电视大学学报，2021，34(01)：5-10.
[19]赵瑞琴，孙鹏.确权、交易、资产化：对大数据转为生

产要素基础理论问题的再思考［J］.商业经济与管理，2021(01)：16-26.
［20］王虎善，陈海林.数据价值怎么算——统计核算视角下的数据生产要素分析［J］.中国统计，2020(08)：34-36.
［21］张弛.数据资产价值分析模型与交易体系研究［D］.北京：北京交通大学，2018.
［22］靳大尉，赵成，刘庆河.数据元内涵及标准化［J］.指挥信息系统与技术，2013，4(03)：40-43+54.
［23］杨婕.破除数据垄断，保护用户权益［J］.中国电信业，2021(07)：78-80.
［24］何波.数据权属界定面临的问题困境与破解思路［J］.大数据，2021，7(04)：3-13.
［25］吴琦，庞静.推动地方数据要素市场健康有序发展的思考［J］.中国国情国力，2021(06)：29-32.
［26］杨毅.数据权属与合规交易研究［J］.武汉金融，2021(05)：82-88.
［27］邹丽华，冯念慈，程序.关于数据确权问题的探讨［J］.中国管理信息化，2020，23(17)：180-182.
［28］黄锫.大数据时代个人数据权属的配置规则［J］.法学杂志，2021，42(01)：99-110.
［29］韩旭至.数据确权的困境及破解之道［J］.东方法学，2020(01)：97-107.
［30］邢会强.大数据交易背景下个人信息财产权的分配与实现

机制［J］.法学评论，2019，37(06)：98-110.

［31］丁晓东.数据到底属于谁？——从网络爬虫看平台数据权属与数据保护［J］.华东政法大学学报，2019，22(05)：69-83.

［32］程啸.论大数据时代的个人数据权利［J］.中国社会科学，2018(03)：102-122+207-208.

［33］戴永盛.共有释论［J］.法学，2013(12)：25-38.

［34］申海燕.推动数据要素向现实生产力的转化［J］.中国投资（中英文），2020(Z5)：57-58.

［35］房毓菲.对推动数据要素交易健康有序发展的思考［J］.中国发展观察，2016(24)：40-42.

［36］杨琪，龚南宁.我国大数据交易的主要问题及建议［J］.大数据，2015，1(02)：38-48.

［37］李良荣.世界数据化的广度深度限度［J］.人民论坛，2013(15)：26-27.

［38］陈留彪.马克思主义所有制理论的基本内容及当代价值［J］.商业经济，2012(16)：24-25.

［39］吴迪.马恩关于生产资料所有制对分配和交换决定作用的论述［J］.学理论，2009(22)：95-96.

［40］黄其松，刘强强.大数据与政府治理革命［J］.行政论坛，2019，26(01)：56-64.

［41］王谦，付晓东.数据要素赋能经济增长机制探究［J］.上海经济研究，2021(04)：55-66.

［42］申海燕．推动数据要素向现实生产力的转化［J］．中国投资（中英），2020(Z5)：57-58.

［43］刘海波．动起来，数据才能创造价值［N］．人民日报，2015-06-04(005)．

［44］曾湘泉．中国就业市场新变化［N］．北京日报，2020-08-17(014)．

［45］徐勇，石健．社会分工、家户制与中国的国家演化［J/OL］．中共杭州市委党校学报：1-9.(2021-06-23)［2021-11-15］.https：//doi.org/10.16072/j.cnki.1243d.20210623.001.

［46］宣晓伟．国家治理体系和治理能力现代化的制度安排：从社会分工理论观瞻［J］．改革，2014(04)：151-159.

［47］高奇琦，李松．从功能分工到趣缘合作：人工智能时代的职业重塑［J］．上海行政学院学报，2017，18(06)：78-86.

［48］蔡跃洲，陈楠．新技术革命下人工智能与高质量增长，高质量就业［J］．数量经济技术经济研究，2019，36(5)：20.

［49］冯鹏程．人工智能、去技能化与劳动就业［D］．中南财经政法大学，2020：38-39.

［50］国家统计局．数字经济及其核心产业统计分类（2021）［国家统计局令第33号］．［2021-06-03］.http：//www.stats.gov.cn/tjsj/tjbz/202106/t20210603_1818134.html.

［51］〔美〕罗纳德•英格尔哈特，叶娟丽译，韩瑞波译，等．静

悄悄的革命：西方民众变动中的价值与政治方式［M］.上海：上海人民出版社，2016：20.

[52] 张国玉.新职业的动力机制与发展趋势［J］.人民论坛，2021(01)：24-28.

[53] Eva Paus.Confronting Dystopia：The New Technological Revolution and the Future of Work［M］.Cornell University Press：2018-01-01.

[54] 李建伟.新一轮技术革命对中国就业形势的影响——基于广东省“四上”企业的调研情况［J］.中国大学生就业，2021(02)：34-37.

[55] Vermeulen B，Kesselhut J，Pyka A，et al.The Impact of Automation on Employment：Just the Usual Structural Change?［J］.Post-Print，2018.

[56] Frey C B，Osborne M A.The future of employment：How susceptible are jobs to computerisation?［J］.Technological Forecasting and Social Change，2017，114：254-280.

[57] Manyika J，Chui M，Miremadi M，et al.A future that works：AI，automation，employment，and productivity［J］.McKinsey Global Institute Research，Tech.Rep，2017，60：1-135.

[58] 霍布斯，黎思复译，黎廷弼译.利维坦［M］.北京：商务印书馆，1985.

[59] 孙萍.“算法逻辑”下的数字劳动：一项对平台经济下外

卖送餐员的研究［J］.思想战线，2019，45(06)：55.

［60］董春雨，薛永红.大数据时代个性化知识的认识论价值［J］.哲学动态，2018(01)：95-101.

［61］刘世元.大数据与人的全面发展［J］.四川职业技术学院学报，2018，28(06)：27-30.

［62］陶水平."易象通于比兴"论的理论传统与美学意义［J］.江西师范大学学报（哲学社会科学版），2021，54(01)：109-123.

［63］武洪兴，赵大志.图书馆去中心化研究［J］.图书馆工作与研究，2021(01)：43-49.

［64］张婷.图书馆数字文创开发：现状、问题与对策［J］.图书馆学研究，2020(07)：27-33.

［65］王贵.风口上的贵州——大数据助力大扶贫［J］.理论与当代，2017(03)：48-49.

［66］冉研.大数据时代背景下的新消费模式探究［J］.中国商论，2019(11)：60-61.

［67］彭诚信.数据利用的根本矛盾何以消除——基于隐私、信息与数据的法理厘清［J］.探索与争鸣，2020(02)：79-85+158-159+161.

［68］惠志斌.数据经济时代互联网企业跨境数据流动风险管理研究［D］.江苏：南京大学，2018.

［69］赵宏.《民法典》时代个人信息权的国家保护义务［J］.经贸法律评论，2021(01)：1-20.

[70] 刘峣.人脸识别——有温度更要守法度［J］.公民与法（综合版），2020(12)：14-15.
[71] 宁宵宵.瑞典全民收入公开：无隐私社会［J］.金融博览，2010(12)：35-37.
[72] 张勤.数据治理视角下的信息型网络恐怖主义防控［D］.浙江：浙江大学，2018.
[73] 王儒西，向安.2020-2021元宇宙发展研究报告.清华大学新媒体研究中心，2021.
[74] 高顺恒.技术史视角下的人类生存与数字未来浅析［J］.卫星电视与宽带多媒体，2019(18)：7-8.
[75] 陈永伟.生物识别技术：历史、风险和未来［N］.经济观察报，2020-07-20(035).
[76] 蓝江.生命档案化、算法治理和流众——数字时代的生命政治［J］.探索与争鸣，2020(09)：105-114+159.
[77] 高顺恒.技术史视角下的人类生存与数字未来浅析［J］.卫星电视与宽带多媒体，2019(18)：7-8.
[78] TechWeb.2045年AI创造的数字人类将称霸好莱坞［EB/OL］.［2021-08-27］.http：//ai.techweb.com.cn/2017-08-28/2579339.shtml.
[79] 邵尤佳.癌症治疗纳米机器人的研究现状与发展［J］.科技创新导报，2020，17(12)：44-46.
[80] 科学新世界.25年后实现永生？谷歌科学家预言，依靠纳米机器人和数字人类技术.［EB/OL］.［2020-07-26］.

https：//baijiahao.baidu.com/s?id=1673257230893580367&wfr=spider&for=pc.

［81］环球网.78 岁美国作家当“小白鼠”，首个数字人类即将诞生［EB/OL］.［2021-08-27］.https：//tech.huanqiu.com/gallery/9CaKrnQhWz4#p=1.

［82］亿欧云.“数字人类”首曝光，让亲人在数字世界得永生？［EB/OL］.［2021-08-27］.https：//www.iyiou.com/analysis/20190902111246.

［83］尼尚·沙阿，娄天裕译.人性不足：人类的数字未来［J］.新美术，2020，41(2)：36-42.

［84］肖峰.信息文明与共享发展的内在关联［J］.长沙理工大学学报（社会科学版），2017，32(06)：1-9.

［85］周劼，涂子沛.大数据正在重塑人类文明［J］.大数据时代，2019(06)：25-31+24.

［86］黄浩然，陈鹏.构建数字命运共同体的内涵、意义及路径［J］.理论建设，2021，37(04)：64-70.